国家自然科学基金项目(51606215)资助
国家重点研发计划项目(2016YFC0802907)资助
江苏高校优势学科建设工程项目(安全科学与工程)资助
江苏省博士后科研资助计划项目(1601005C)资助
火灾科学国家重点实验室开放课题(HZ2016-KF05)资助

建筑外墙聚苯乙烯保温材料燃烧及火蔓延行为

安伟光　著

U0337846

中国矿业大学出版社

·徐州·

图书在版编目(CIP)数据

建筑外墙聚苯乙烯保温材料燃烧及火蔓延行为 / 安
伟光著.—徐州 : 中国矿业大学出版社，2016.10

ISBN 978 - 7 - 5646 - 3295 - 3

Ⅰ.①建… Ⅱ.①安… Ⅲ.①建筑物－墙－聚苯乙烯
－保温材料－燃烧－研究 Ⅳ.①TU55

中国版本图书馆 CIP 数据核字(2016)第 246294 号

书　　名	建筑外墙聚苯乙烯保温材料燃烧及火蔓延行为
著　　者	安伟光
责任编辑	马晓彦
出版发行	中国矿业大学出版社有限责任公司
	(江苏省徐州市解放南路　邮编 221008)
营销热线	(0516)83885307　83884995
出版服务	(0516)83885767　83884920
网　　址	http://www.cumtp.com　E-mail : cumtpvip@cumtp.com
印　　刷	江苏凤凰数码印务有限公司
开　　本	787 mm×1092 mm　1/16　**印张** 8.5　**字数** 162 千字
版次印次	2016 年 10 月第 1 版　2016 年 10 月第 1 次印刷
定　　价	32.00 元

(图书出现印装质量问题,本社负责调换)

前　　言

随着城市建设的高速发展,我国建筑能耗所占比重越来越大,因此建筑行业亟须实行全面节能。建筑节能能够有效缓解城市发展与能源短缺的矛盾,实现经济社会的可持续发展。建筑节能的有效方法之一是使用建筑外墙保温材料,其中聚苯乙烯保温材料因其优良的性能得到广泛应用,然而未经阻燃处理的该类材料具有很高的火灾危险性,会引起建筑火灾事故频频发生,造成极其严重的人员伤亡或经济损失,因此进行聚苯乙烯保温材料火灾特性的研究很有必要,尤其是针对燃烧和火蔓延行为的研究。研究结果有助于预测外墙聚苯乙烯保温材料的火灾发展,为评价该材料的火灾风险提供指导,进一步为外墙聚苯乙烯保温系统的火灾安全设计奠定理论基础。同时,本研究还将完善和发展火灾科学。然而,目前国内系统介绍聚苯乙烯保温材料燃烧及火蔓延行为的图书较少,希望本书能够为相关领域内的研究学者和工程技术人员提供一些参考。

本书全面阐述了保温材料燃烧和火蔓延研究的背景、现状以及不足,在深入调研固体着火及火蔓延理论模型的基础上,重点论述了三部分内容:聚苯乙烯保温材料的燃烧行为、顺流火蔓延行为和竖直逆流火蔓延行为。研究了辐射热流强度、试样倾斜角度、试样宽度、厚度、环境压力、边墙结构及防火隔离带对燃烧和火蔓延的影响。研究中综合运用实验和理论分析的方法。通过开展锥形量热仪实验和火蔓延实验,得到聚苯乙烯保温材料燃烧和火蔓延特性参数值及其变化规律。深入分析了流场、温度场和传热过程,揭示了多因素对聚苯乙烯保温材料燃烧和火蔓延的影响机理。基于燃烧学和传热学的基础理论,建立了多参数耦合作用下聚苯乙烯保温材料燃烧及火蔓延模型,将模型的预测结果和实验结果对比分析,最终得到建筑外墙聚苯乙烯保温材料燃烧及火蔓延行为机制。

在本书的撰写过程中,孙金华教授给予了大力支持,并提出了宝贵意见,Liew KimMeow教授针对本书的一些关键问题,也提出了许多富有创意的建议,在此致以最诚挚的感谢。感谢张英博士、肖华华博士、黄新杰博士和范传刚博士对本书撰写的帮助,感谢研究生姜林、闫维纲、祝恺和彭忠璟对实验开展的贡献。

本书的写作得到诸多科研项目的资助,包括国家自然科学基金项目

（51606215）、国家重点研发计划项目（2016YFC0802907）、江苏高校优势学科建设工程项目（安全科学与工程）、江苏省博士后科研资助计划项目（1601005C）以及火灾科学国家重点实验室开放课题（HZ2016-KF05）等。在此衷心感谢国家自然科学基金委员会、国家科技部、火灾科学国家重点实验室等部门。

由于编者水平有限，加之时间较紧，书中难免有不妥之处，敬请广大读者批评、指正。

作 者
2016 年 7 月

目　　录

第 1 章 绪 论

1.1 研究背景

目前,世界范围内石油、煤炭、天然气三种传统能源日趋枯竭,而我国由于人均能源拥有量少、能源储备量少及能源利用效率低,能源问题更加严重。随着城市建设的高速发展,我国建筑能耗所占比重越来越大,已高达全国能源总消耗量的 45%。我国现有建筑面积为 400 亿 m^2,绝大部分为高能耗建筑,因此建筑行业亟须实行全面节能。建筑节能能够有效缓解城市发展与能源短缺的矛盾,实现经济社会的可持续发展。我国积极推进城镇化建设,也需要大力推广节能建筑,以建设资源节约型、环境友好型社会。

建筑节能的有效方法之一是使用建筑外墙保温材料,建筑外墙保温材料主要包括三大类:无机类、有机无机复合类和有机类。其中有机类保温材料从 20 世纪 90 年代后期到现在得到广泛应用。聚苯乙烯(PS)是一种典型的有机保温材料,主要包括的模塑聚苯乙烯保温材料(EPS)和挤塑聚苯乙烯保温材料(XPS)都具有优良的保温性能。但未经阻燃处理的 PS 保温材料具有很高的火灾危险性,火蔓延便是主要危险性之一,因此进行 PS 保温材料火灾特性的研究很有必要,尤其是针对燃烧和火蔓延行为的研究。研究结果有助于预测 PS 外墙保温材料的火灾发展,为评价该材料的火灾风险提供指导,进一步为 PS 外墙保温系统的火灾安全设计奠定理论基础。同时,本研究还将完善和发展火灾科学。

1.1.1 保温材料分类

建筑保温材料主要包括无机保温材料、有机无机复合保温材料和有机保温材料。有机类保温材料主要有聚氨酯泡沫、聚苯乙烯泡沫、酚醛泡沫等,未经阻燃处理的该类材料一般是可燃的,该类材料抗压性和抗蒸汽渗透性良好、质轻、耐腐蚀、便于施工安装、使用寿命长久、导热系数低。无机保温材料主要包括气凝胶毡、玻璃棉、岩棉、膨胀珍珠岩、微纳隔热板等,能够达到 A 级防火,但该类材料存在一些缺点,如:膨胀珍珠岩重量大,吸水率高;微纳隔热板价格较贵;岩棉的生产对人体有害,且建厂周期长等。因此,有机类保温材料的应用更为广泛。

1.1.2 PS 保温材料的特性

1.1.2.1 生产工艺

模塑聚苯乙烯保温材料的生产工艺如下:通过合成反应,聚苯乙烯树脂和其他添加剂生成聚苯乙烯小球,通过热压工艺,使得铸模中的聚苯乙烯小球相互融合,即制成模塑聚苯乙烯保温材料。挤塑聚苯乙烯保温材料的生产原料为聚苯乙烯树脂或其共聚物和少量添加剂,生产工艺为加热挤塑。

1.1.2.2 物理结构

EPS 和 XPS 作为典型的多孔结构的保温材料,均为闭孔结构的类型,图 1-1 和图 1-2 为 EPS 和 XPS 的微观结构。EPS 和 XPS 均属于二级多孔结构(double-scale porosity)的材料,结构简图如图 1-3 所示,该图的含义是 PS 保温材料由直径为 D_{bead} 的颗粒组成,颗粒之间的孔隙率为 $\varepsilon_{interbead}$,颗粒又由类似蜂窝的多孔结构组成,ε_{cell} 为蜂窝结构之间的孔隙率。

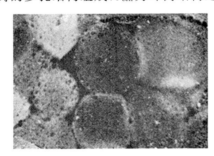 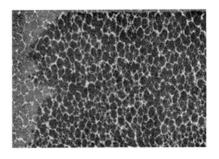

图 1-1 EPS 保温材料电子显微镜扫描图片　图 1-2 XPS 保温材料电子显微镜扫描图片

$$EPS(XPS) \xrightarrow{\varepsilon_{interbead}} D_{bead} \xrightarrow{\varepsilon_{cell}} D_{cell}$$

图 1-3 EPS 和 XPS 保温材料的结构简图

对于密度为 18 kg/m³ 的 EPS,因 ρ_{PS} = 1 050 kg/m³,有 $\varepsilon_{cell(EPS)}$ = 98%,$\varepsilon_{interbead(EPS)}$ = 8%。同时对于密度为 36 kg/m³ 的 XPS,有 $\varepsilon_{interbead(XPS)}$ ≈ 96.5%,$\varepsilon_{interbead(XPS)}$ ≈ 0%。从 $\varepsilon_{interbead}$ 可以看出,XPS 各蜂窝结构之间几乎没有孔隙,相比 EPS,具有更好的闭孔结构,且具有更均匀的横截面和连续平滑的表面。

1.1.2.3 热性能

此节将介绍 PS 保温材料的传热性能和受热后的物理化学变化。

通过 PS 保温材料的传热主要包括四部分:通过泡沫孔之间的对流,通过气态的导热,通过固体聚合物的导热,通过孔壁及孔隙之间的辐射。在 PS 保温材料传热中,通过气态的导热占主要部分,通过固体聚合物的导热和通过孔壁及孔隙之间的辐射约占总传热的 1/3,而对流导热因素可以忽略(因其在泡沫孔的直径小于 10 mm 时已不是重要因素,在所使用的大多商用泡沫中,泡沫孔直径为 0.1~2 mm)。

聚苯乙烯泡沫被加热后会出现 4 个阶段:熔融、热解、点燃着火和火蔓延。关键阶段对应温度为:变形收缩温度约为 70~98 ℃,熔融温度约为 150 ℃,热解开始温度约为 300 ℃,点燃温度约为 350 ℃。

1. 加热熔融

在此阶段 PS 保温材料在不同的温度下呈现出三种物理状态。

(1)玻璃态。当温度小于 T_g 时,PS 保温材料的刚度、硬度及透明度和无机玻璃很相似。

(2)高弹态。当温度在 T_g 和 T_m 之间时,PS 保温材料具有塑料或弹性性能,处于橡胶态。

(3)黏流态。当在熔融温度 T_m 时,PS 保温材料处于黏性液体状态,当温度超过 T_m 后,形变变得不可逆。

2. 热解

PS 保温材料热降解被普遍认为是一个自由基链过程,以发生解聚反应为主,包括链引发、链传播和链终止三个阶段。首先发生聚合物链端或分子中的"薄弱环节"的随机断裂,随后链中 C—C 键断裂产生自由基。其次按顺序发生:脱氢反应和 β-分解反应(或断裂反应),生成的自由基与聚苯乙烯反应形成短链自由基,两个自由基链的重新结合形成不饱和末端。最终阶段主要为产物的重组和异构化。相对应的化学反应式如下:

(1)链引发阶段。

① 分子中随机链断裂:

$$\tag{1-1}$$

② 链端断裂：

$$(1-2)$$

(2) 链传播阶段。

① 脱氢反应：

$$(1-3)$$

② 中链 β-分解反应（或断裂反应）：

$$(1-4)$$

③ 分子内氢转移反应（1-4、1-5 或者 1-6 位置异构化反应）：

$$(1-5)$$

④ 分子间氢转移反应：

$$(1-6)$$

3. 着火

热解过程中会产生可燃挥发物，其充分和氧气混合后可受热着火。这与点火源、可燃挥发物的浓度、材料闪点、自燃温度以及极限氧指数等性质有关。

4. 火蔓延

PS 保温材料属于多孔泡沫材料,使得空气和燃料能够充分结合,一旦发生火灾,火蔓延速度非常快。PS 保温材料又属于热塑性保温材料,受热时会发生熔融和流动,可燃熔融物的流动在火灾中可能会加速火蔓延。

1.1.3 PS 保温材料的火灾危险性

上节已经简单介绍了 PS 外墙保温材料的燃烧及火蔓延特性。由于这些特性,PS 保温材料引发了多起建筑火灾。表 1-1 汇总了近年来由 PS 保温材料引发的重大火灾事故,图 1-4 中列举了几起典型的火灾事故。从表 1-1 中可以看出,PS 保温材料引起的建筑火灾事故发生频率高,危害大。尤其是发生在建筑外墙的 PS 保温材料火灾,由于其较高的火蔓延速度,火灾会在较短时间内蔓延至整幢大楼,造成严重损失。因此,进行 PS 保温材料的燃烧及火蔓延行为的研究很有必要。

表 1-1　　　　近年来由 PS 保温材料引发的重大火灾事故汇总

时 间	城市	建筑	原　　因
2011 年 2 月	沈阳	某酒店	违章燃放烟花引燃楼表面装饰材料和聚苯板保温材料
2010 年 9 月	乌鲁木齐	某机关住宅楼	电焊火花引燃外墙保温苯板
2009 年 2 月	北京	某电视台新址配楼	违章燃放烟花引燃聚苯板保温材料
2009 年 3 月	北京	某学生宿舍	电插座故障引燃聚苯彩钢夹芯板
2009 年 4 月	北京	某科学技术馆新馆	保温层挤塑聚苯乙烯板着火
2009 年 4 月	南京	某国际广场	电焊焊渣引燃楼下空调外机井壁的挤塑聚苯板保温层
2007 年 4 月	济南	某 7 号公馆	室内临时电线短路引燃聚苯板
2007 年 4 月	北京	某住宅楼	电线短路导致起火引燃了上墙裸露的 EPS 聚苯板外保温材料
2007 年 5 月	上海	某游泳馆	电焊引燃楼下堆放的聚苯板保温材料
2007 年 2 月	沈阳	某居民楼	临时建筑起火引燃聚苯板薄抹灰系统
2007 年 5 月	沈阳	某小区 22 号	墙下废弃物引燃聚苯板薄抹灰系统
2006 年 5 月	无锡	某大厦	电焊引燃聚苯乙烯保温板及铝塑装饰材料

(a)   (b)

(c)   (d)

图 1-4　典型建筑外墙 PS 保温材料火灾案例

(a) 某电视台新址配楼火灾；(b) 某科学技术馆新馆火灾；

(c) 某机关住宅楼火灾；(d) 某酒店火灾

1.2　研究现状及不足

固体燃烧及表面火蔓延是火灾安全研究的一个经典领域，前人在此领域已经做了大量工作，但是关于热塑性保温材料的研究还较少，国内外学者针对其燃烧及火蔓延也开展了一些工作。本节将对此进行介绍，并分析其存在的不足之处。

1.2.1 研究现状

1.2.1.1 锥形量热仪实验研究

陈应周利用微燃烧量热仪测试了三种典型保温材料(非阻燃的 EPS、XPS、PU 及阻燃处理的 PU),分析了热释放速率峰值、总释放热及点燃温度等典型火灾特性,发现未进行阻燃处理的 PU 保温材料的热释放速率峰值低于 PS 保温材料的 1/5,即 PU 的火灾安全性能较好。

基于 ISO 5660 锥形量热仪测试,Bakhtiyari 等研究了试样厚度和材料密度对 EPS 保温材料火灾特性的影响。他们发现较厚的材料点燃时间较长,原因是材料受到热辐射时会熔融收缩,但其参与燃烧的质量也会随厚度增大而增大,这引起热释放量和烟气释放量的升高。热释放速率平均值和最大值均随材料密度增大而升高。在锥形量热仪测试中,热释放速率的最大值可以用于区分无阻燃 EPS 和阻燃 EPS。

Lefebvre 等研究了热塑性的软质聚氨酯泡沫的火灾行为,指出了锥形量热仪测试结果和其他火灾测试方法(如 FMVSS no.302 测试和 British Standard Ignition Source Crib 5 测试)得到的结果之间的关系,该研究目标是通过锥形量热仪测试数据,预测其他标准测试中 PU 的燃烧行为。

在锥形量热仪测试中,材料一般水平放置,然而,在 Tsai 的研究中,试样竖直放置以研究倾斜角度对测试结果的影响。实验中测试的材料为 PMMA 和 PS 泡沫。通过对比水平放置和竖直放置的实验结果发现:后者点燃前温度分布更均匀,点燃时间较短,临界点燃热流较低,总热释放量相同但热释放速率峰值较小,燃烧时间较长,PMMA 试样的燃烧彻底程度基本相同。

Xu 等利用相关性算法分析了锥形量热仪测试中材料火灾特性(包括热释放速率、一氧化碳和二氧化碳产量)之间的关系,测试的材料为两种典型的 EPS 泡沫,相关性算法包括皮尔逊相关系数(Pearson's Correlation)、斯皮尔曼等级相关系数(Spearman's Rank Correlation)和肯德尔等级相关系数(Kendall's Rank Correlation)等算法。研究中计算了相关性系数,并根据该系数和 FO-categories 为 EPS 泡沫分类,这对预测火灾中轰燃时间有指导意义。

Rossi 等利用锥形量热仪测试了阻燃 EPS 和非阻燃 EPS,研究了 EPS 的烟气产生特性。结果表明阻燃剂在一定程度上改变了烟气的成分,即相比非阻燃 EPS,阻燃 EPS 的苯乙烯和苯甲醛的产量减少,α-甲基苯乙烯和苯酚的产量增加。

与 PS 有关的复合型材料的火灾危险性也受到普遍关注。基于锥形量热仪测试,G. Sanchez-Olivares 研究了由高抗冲聚苯乙烯、钠基蒙脱石和亚磷酸三苯酯合成的复合物的燃烧行为,研究发现当合成采用单螺杆静态混合工艺时,热释放速率的峰值消失；当粒径分布不均匀时，观察到相反的现象。A. Shalbafan 等利用锥形量热仪研究了夹芯板（芯材为 PS 保温材料）的火灾特性，与刨花板相比，夹芯板热释放速率和燃烧热值更高，也产生更多的烟气。PS 芯材的密度及加工温度对夹芯板的火灾特性影响不大，然而当表面板材的厚度由 3mm 增至 5mm 时，其燃烧特性变得和刨花板相近。

1.2.1.2　火蔓延研究

Tsai 研究了边墙存在情况下竖直向上的火蔓延行为，实验测试了不同宽度（100 mm、200 mm、300 mm、500 mm 和 700 mm）的 PMMA 试样，结果表明火焰高度和火蔓延速度随宽度增大而增大，但热反馈却变化不大。和无边墙的情况相比，有边墙时火焰被拉伸，且火焰中心线处的热流强度减弱，这造成对于较窄的试样，有边墙时的蔓延速度较高，而对于较宽的试样，无边墙时的蔓延速度较高。

黄新杰等研究了不同环境下 EPS 和 XPS 的水平和顺流火蔓延行为，测得了平均池火长度、火蔓延速度、平均火焰高度、预热区长度等火蔓延特性参数，并研究了单一因素对火蔓延的影响作用。他们得到了上述特性参数随试样厚度的变化规律；发现在平原和高原地区的测试中，EPS 的火蔓延速度随试样倾斜角度的增大而增大，而在高原地区测试中，XPS 的火蔓延速度随试样放置负角度的增大而增大；并研究了火蔓延中的宽度效应，测得 PS 保温材料的水平火蔓延速度随试样宽度变大而先减后增，且当试样较宽时，对于平原测试中的 EPS、XPS 及高原测试中的 XPS，池火区的火焰高度大于表面火焰区的火焰高度；至于压力的影响，发现上述火蔓延特性参数在平原地区的值都要高于高原地区，这说明 PS 保温材料的火灾危险性也有类似趋势。

Zhang 等也研究了材料尺寸和不同环境对 XPS 水平火蔓延的影响，他们试图从温度变化和传热角度揭示 XPS 火蔓延的机理。通过固相温升曲线发现高原地区 XPS 的熔融和热解阶段长于平原地区，认为这是造成高原地区火蔓延速度低于平原地区的内在原因之一。另外，还提出热解机理可能会受到两地压力差异的影响。他们也研究了试样宽度对火蔓延速度的影响，同样发现火蔓延速度随宽度增大而先减后增，通过传热分析，认为该趋势是由对流传热和辐射传热的竞争机制造成的。

Zhang 等还研究了可碳化材料和热塑性材料火蔓延行为的差异，分别选择白木和 XPS 作为两种材料的代表。在火蔓延中，白木在碳燃烧阶段之前有热解阶段，而 XPS 在燃烧前有熔融阶段。两种材料的火蔓延速度均由气相传热主导，火蔓延速度随宽度增大而先减后增。进一步提出一个指数 U，该指数由表面热流和预热区长度组合而成，发现火蔓延速度和该指数存在线性关系。

　　Kashiwagi 等研究了分子量和热稳定性对聚合物水平火蔓延的影响,研究中选取不同分子量的 PS 试样和不同分子量及热稳定性的 PMMA 试样,结果表明高分子量的 PS 试样的火蔓延速度比低分子量的试样高 25%,高分子量的 PMMA 试样的火蔓延速度是低分子量试样的 4 倍,高分子量的试样更易形成熔融物,从而对火蔓延行为产生影响。

　　黄颖等实验研究了 EPS 保温板竖直向上的火蔓延行为,他们发现火蔓延距离随时间的变化规律为 $y = a_7 t^7 + a_6 t^6 + \cdots + a_1 t + a_0$,而火蔓延速度和时间的关系为 $v_f = a/t + \beta$。他们还研究了材料厚度对火蔓延的影响,指出存在一个临界厚度值,当 EPS 厚度低于临界值时,火蔓延速度随厚度增大而增大;当高于临界值时,火蔓延速度基本不再受厚度影响。

　　朱春玲开展了 PS 保温材料的竖炉燃烧实验,实验材料包括 XPS 和 EPS,研究了薄抹灰对保温材料的防护作用,发现保护层越厚,其阻火性能越好,当保护层厚度不变时,保温材料的破坏程度和材料类型相关。

　　上述文献基本为实验研究,关于保温材料或者其他热塑性材料,前人也开展了一些数值模拟研究。张威等运用火灾动力学模拟器(Fire Dynamics Simulator,FDS)开展了 PS 保温材料和 PU 保温材料的墙角火和窗口火的数值模拟研究,模拟结果显示在大部分工况下,火焰前锋位置和时间呈非线性关系:$y = a t^2 + b t + c$,火蔓延速度随时间变化规律为 $v_f = 1/(\alpha + \beta t)$。王艳等通过 CFD 数值模拟研究了干挂石材幕墙火蔓延行为,研究选取 4 cm 厚的保温材料层,保温层和外钢板之间的距离为 2 cm,模拟结果表明干挂石材幕墙火蔓延速度低于保温材料的火蔓延速度,前者火蔓延时热释放速率较低,但火焰高度较大。利用 FDS,章涛林等研究了高层建筑外墙 EPS 保温材料的火蔓延行为,分析了失重速率及温度场分布。赵永峰等通过数值模拟研究了外墙保温材料燃烧引起的高层建筑立体火蔓延行为,模拟软件也为 FDS,立体火蔓延的整个过程包括外墙火蔓延、外墙火蔓延至内室及脚手架上可燃物的火蔓延过程,均在模拟结果中展现,为高层建筑的火灾安全评估提供了指导。

1.2.1.3　大尺寸火灾实验研究

　　Oleszkiewicz 开展了大尺寸实验,研究了窗口火溢流和外墙可燃材料(包括 PS 保温层)的火灾危险性,发现火源的热释放速率、窗口尺寸和外立面结构均会对火焰向外墙的传热产生显著影响。热辐射随火源的热释放速率的增大而增大,较大的窗口面积导致较小的火羽流强度,窗口高宽比决定了火羽流的形状,对于较高的窗口,火羽流会远离外墙,从而降低火焰对外墙的传热。

　　Hopkin 等通过开展全尺寸火灾实验研究了结构保温板(SIP)的火灾响应,SIP 由定向结构刨花板作为面板,保温材料作为芯材。研究中,将采用 SIP(芯材为 EPS 或 PU)的两层楼房暴露于真实的火灾场景,火源为木垛火,研究结果凸显出 SIP 结构在火灾环境中的弱点,即当 PFP 安装不合理时,楼层在火灾中坍塌的可能性很大。基于实验结果,Hopkin 等提出了一系列方法来防止坍塌,如增加系统冗余、改变加载路径等。

Collier 和 Baker 也通过开展大尺寸实验研究了夹芯保温板(简称 PIP,芯材为 EPS)的火灾特性,分析了阻燃处理的影响,探讨了保温材料在两面板之间的火蔓延行为。他们还在 ISO 9705 标准房间里进行了 PIP 的火灾实验,PIP 芯材厚度为 10 mm,基于 4 种不同的固定标准,改变 PIP 板的装配方式,以研究其对火灾特性的影响,最后得出的结论是:只有保证 PIP 金属面板的完整性,才能显著提高该夹芯保温板的火灾安全性。

利用 ISO 9705 标准房间,Xie 等研究了地板材料对热塑性建筑装饰材料聚丙烯(PP)火灾行为的影响。实验测试了 5 种地板材料,分别为石膏板、钢板、木板、瓷砖和 PVC,测得不同地板材料影响下 PP 的竖直向上火蔓延速度和热释放特性,结果表明 PP 的热释放速率会受到地板材料的显著影响。

Lie 实验研究了夹芯墙中保温材料的火蔓延特性,该夹芯墙由两块混凝土面板和 EPS 芯材组成,墙体高度和宽度分别为 2.38 m 和 0.91 m,研究结果表明如果保温芯材本身的火蔓延速度低于 25 mm/s,保温芯材对夹芯墙(含中空层)内部火蔓延的影响可以忽略不计;而对于不含中空层的夹芯墙,即使保温芯材本身的火蔓延速度高于 75 mm/s,夹芯墙内部火蔓延也不会发生。

徐亮等也基于 ISO 9705 标准房间测试了热塑性装饰材料 PP、PE、PS、PMMA 和 PVC 的火灾特性,观察到热塑性材料的两种燃烧形式,即固体表面燃烧和熔融流动燃烧,前者受表面火蔓延影响,后者由地板上形成的池火控制。研究表明材料热解对燃烧形式影响显著,通过比较熔融流动黏度、地板池火发展和热释放速率发现熔融物黏度对其流动燃烧行为影响显著,黏度较小时,池火发展受限,热释放速率峰值也较低。

Griffin 等开展 ISO 9705 标准房间和 ISO 13784-1 标准房间测试,研究了夹芯板(面板为钢材,芯材为 EPS)的火灾行为,探讨了芯材厚度、EPS 等级和构造方式的影响,实验测得的火灾特性包括板材内部的温度分布、标准房间内的温度分布、热释放速率和房间顶板接收的热流。研究发现夹芯板合理的构造方式能够阻止热解可燃气和熔融物泄露入房间,从而有效地阻断火蔓延,防止房间轰燃的发生。

Xie 等通过大尺寸实验研究了典型热塑性材料 PP 和 PS 的燃烧行为,实验在 ISO 9705 标准房间内开展,改变材料厚度以研究其对燃烧特性的影响。发现对于较薄的试样,能够较快地形成池火,热释放速率峰值虽然较低,但在实验过程中出现较早,厚度为 5 mm 的 PS 试样的热释放速率峰值为 3 mm 厚试样的 2.5 倍。

季广其等开展了一系列大尺寸的标准火灾测试,开展竖炉防火测试,研究了外墙保温系统的保护层厚度对火蔓延的影响,并研究了可燃保温材料受热时的状态变化。季广其等分别开展 BS 8414-1 火灾测试和 UL 1040 火灾测试,研究外墙保温系统在窗口火和墙角火作用下的响应,分析了外墙构造对火蔓延的阻断行为,研究了标准火对系统中保温材料的破坏作用。

1.2.2　研究不足及存在的问题

由上文的文献调研可知,目前 PS 保温材料及热塑性固体燃烧和火灾特性已经得到一定程度的研究,其中实验研究较多,也存在一些理论分析和数值模拟研究。但是 PS 保温材料的燃烧和火蔓延行为非常复杂,涉及材料的相变、固相与气相之间的传热传质、固相与气相的化学反应动力学、熔融燃烧物的流动等,而且在实际应用中,PS 保温材料的燃烧和火蔓延行为还会受到材料尺寸、环境压力、外墙结构等因素的影响。因此前人的研究还不够全面,也存在一些不足之处,如下所述:

(1) 前人的研究以实验研究为主,理论分析不够深入,建立的数学模型较少。虽然热固性材料的火蔓延模型较多,但不能直接用于预测热塑性保温材料的火蔓延行为。

(2) 前人研究基本是针对单一因素对火蔓延或燃烧行为的影响,即使考虑了多个因素,也并未深入研究其耦合影响。

(3) 前人的实验研究多是单一尺度,如只开展锥形量热仪测试或只进行中小尺度的火蔓延实验,应该将两者有机结合起来。

(4) PS 保温材料用于建筑外墙时,其火蔓延行为会受到外墙结构的显著影响,如边墙、防火隔离带等。国内外学者对此研究较少,还未建立相关数学模型。

(5) 前人对 XPS 竖直逆流火蔓延的研究很少,关于试样宽度、厚度、环境压力和边墙结构对竖直逆流火蔓延的耦合影响的研究鲜有所见。

1.3　研究目标及思路

1.3.1　研究目标

通过对 PS 保温材料及热塑性固体火灾特性研究的现状分析可知,虽然国内外学者已经开展不同尺度的实验研究和部分理论建模研究,但由于热塑性材料尤其是 PS 保温材料燃烧及火蔓延特性的复杂性,现阶段仍有很多不足之处和关键问题待进一步深入研究。

因此,本书的主要研究目标如下:

(1)通过开展锥形量热仪测试,得到 PS 保温材料的燃烧特性数据,如点燃时间、热释放速率等,并分析其随辐射热流强度和试样厚度的变化规律。燃烧特性数据可带入后期建立的火蔓延模型中,以得到模型的预测值。另外,燃烧特性数据及其变化规律也可以用于评价 PS 保温材料的火灾危险性。

(2)开展实验,研究材料宽度、倾斜角度以及熔融流动对 PS 保温材料顺流火蔓延的影响规律,得到火蔓延特性的变化规律及一些拟合公式,建立耦合这些影响因素的 PS 保温材料顺流火蔓延模型,将实验结果和模型预测结果进行对比分析,验证模型的可靠性。

(3)研究防火隔离带对 PS 保温材料竖直顺流火蔓延的影响,分析隔离带切断火蔓延的机制,建立数学模型,对一定材料特征长度和隔离带高度工况下,火焰能否越过隔离带蔓延至上方进行预测,将预测结果和实验结果进行对比。

(4)开展 XPS 竖直逆流火蔓延实验,通过改变试样宽度、厚度、边墙结构和环境压力,研究这些参数对逆流火蔓延的影响,进而发现影响规律,定性分析其机理,在此基础上建立数学模型,模型中耦合上述影响因素,最后验证模型的可靠性。

1.3.2 研究思路

本书的研究思路如图 1-5 所示,研究内容主要包括燃烧行为、顺流火蔓延行为和竖直逆流火蔓延行为三部分,深入分析辐射热流强度、试样倾斜角度、试样宽度、厚度、环境压力、凹型结构、边墙结构及防火隔离带对燃烧和火蔓延的影

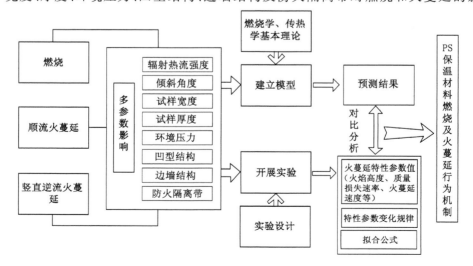

图 1-5 研究思路简图

响。研究中综合运用实验和理论分析的方法。通过开展实验(锥形量热仪实验和小尺寸火蔓延实验),得到 PS 保温材料燃烧和火蔓延特性参数值、特性参数值的变化规律和一些拟合公式。基于燃烧学和传热学的基础理论,建立多参数影响下 PS 保温材料燃烧及火蔓延模型,将模型的预测结果和实验结果进行对比分析,最终得到多参数影响下 PS 保温材料燃烧及火蔓延行为机制。

第 2 章 固体着火及火蔓延理论模型

2.1 引言

材料的加热和点燃是其燃烧和火蔓延的前奏,加热后的质量损失速率、材料表面和内部的温度变化规律、点燃时间等和外部热流及材料本身性质有关,其中点燃时间和火蔓延速度密切相关,点燃模型是建立在加热模型基础上的。

固体表面火蔓延行为是热量传输、气相固相传输、固相热解和气相可燃气体与氧化物化学反应等过程共同作用的结果,其中气相化学反应和热量传输是影响火蔓延的两个关键因素,侧重于不同方面,国外学者分别建立了气相模型和热传输模型。

Damkohler 数作为表征气相燃烧反应中有限反应速率的无量纲参数被广泛使用,它代表可燃气扩散时间与化学反应时间的比值。

$$Da = \frac{k_g A Y_o Y_F P^n}{c_{p,g} \rho_g V_{eqv}} \exp\left(-\frac{E_a}{T_f}\right) \tag{2-1}$$

当 Damkohler 数较小时,气相化学反应的影响比较重要且火蔓延速度取决于其反应速率,气相模型适用于此种条件;当 Damkohler 数较大时,化学反应速率比较快,在某些情况下可以认为无限快,热传输模型适用于此种条件。对于热传输模型,较为经典的是 De Ris 模型、Bhattacharjee 模型和 Quintiere 模型。

下文将详细介绍固体加热、点燃和火蔓延的经典模型。

2.2 模型介绍

2.2.1 固体加热模型

该加热模型由 Quintiere 提出,其物理模型如图 2-1 所示。恒定热流作用于固体表面,$\dot{q}_i''$ 表示入射热流,在实际中可代表火焰热流(包含对流热流和辐射热流)、辐射源(如锥形量热仪的加热器)或者火场热流,假设固体表面向环境的热损失为线性,h_t 为热损失系数,T_0 为加热前材料内部和表面温度,T_∞ 为环境温度,δ 表示材料厚度。

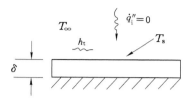

图 2-1　固体材料加热的物理模型

数学模型详述如下:

(1) 热薄型固体的加热模型。

控制方程是:

$$\rho c \delta = \frac{\mathrm{d}T}{\mathrm{d}t} = \dot{q}'' - h_t(T - T_\infty) \tag{2-2}$$

初始条件:

$$t = 0, T = T_0 \tag{2-3}$$

带入求得解为:

$$T - T_0 = \left[\frac{\dot{q}''}{h_t} - (T_0 - T_\infty) \right](1 - \mathrm{e}^{-\tau}) \tag{2-4}$$

其中,

$$\tau = h_t t / \rho \delta \tag{2-5}$$

τ 值较小时,

$$T - T_0 = \left[\frac{\dot{q}''}{h_t} - (T_0 - T_\infty) \right]\tau \tag{2-6}$$

τ 值较大时,

$$T - T_\infty \approx \left[\frac{\dot{q}''}{h_t} - (T_0 - T_\infty) \right] \tag{2-7}$$

如果认为材料初始温度即为环境温度,则有:

$$T - T_\infty \approx \frac{\dot{q}''}{h_t} \tag{2-8}$$

(2) 热厚型固体的加热模型。

对于同样的物理模型,热厚型固体的控制方程为:

$$\frac{\partial T}{\partial t} = \frac{k}{\rho c} \cdot \frac{\partial^2 T}{\partial x^2} \tag{2-9}$$

其中初始条件为:

$$x = 0, -k(\partial T/\partial x) = \dot{q}'' - h_t(T - T_\infty), t = 0, x \to \infty, T = T_0 \quad (2\text{-}10)$$

令 $\theta = T - T_0$，则有：

$$\frac{\partial \theta}{\partial t} = \frac{k}{\rho c} \cdot \frac{\partial^2 \theta}{\partial x^2} \quad (2\text{-}11)$$

$$x = 0, -k\frac{\partial \theta}{\partial x} = [\dot{q}'' - h_t(T_0 - T_\infty) - h_t\theta] \quad (2\text{-}12)$$

$$t = 0, x \to \infty, \theta = 0 \quad (2\text{-}13)$$

那么表面温度可以表示为：

$$T_s - T_0 = \left[\frac{\dot{q}''}{h_t} - (T_0 - T_\infty)\right](1 - \exp\gamma^2 \operatorname{erfc}\gamma) \quad (2\text{-}14)$$

其中，

$$\gamma = h_t\sqrt{\frac{t}{k\rho c}} \quad (2\text{-}15)$$

对于较大的 γ 值，上式可变为：

$$T_s - T_0 \approx \left[\frac{\dot{q}''}{h_t} - (T_0 - T_\infty)\right](1 - 1/\sqrt{\pi}\gamma) \quad (2\text{-}16)$$

对于较小的 γ 值，上式可变为：

$$T_s - T_0 \approx \left[\frac{\dot{q}''}{h_t} - (T_0 - T_\infty)\right]\frac{2\gamma}{\sqrt{\pi}} \quad (2\text{-}17)$$

2.2.2 点燃模型

点燃模型的建立是基于对点燃温度的分析，当固体表面达到点燃温度时，表面热解产生可燃气体，其浓度达到点燃下限，此时若有足够的点火能，就能引燃热解气，使得材料着火并发生火蔓延。可见，恒定热流下的点燃问题可以归结为固体表面升温至点燃温度（T_{ig}）的加热问题。

由上述加热模型，固体表面温度可近似表述为：

$$T_s - T_0 \approx \left[\frac{\dot{q}''}{h_t} - (T_0 - T_\infty)\right]F(t) \quad (2\text{-}18)$$

根据有限时间的解可得：

$$F(t) = \begin{cases} \tau^n, \tau < \tau^* \\ 1, \tau \geq \tau^* \end{cases} \quad (2\text{-}19)$$

对于热薄型固体，$n = 1$ 且 $\tau = h_t t/\rho c\delta$；对于热厚型固体，$n = 1/2$ 且 $\tau = 4h_t^2/k\rho c$。材料点燃时，$T_s = T_{ig}$，如果认为材料初始温度即为环境温度，有 $T_\infty = T_0$，那么可以推导出点燃时间（t_{ig}）如下所示。

热薄型固体：

$$t_{ig} = \frac{\rho c \delta (T_{ig} - T_0)}{\dot{q}''}, t_{ig} < t^* \qquad (2-20)$$

热厚型固体：

$$t_{ig} = \frac{(\pi/4)k\rho c (T_{ig} - T_0)^2}{\dot{q}''^2}, t_{ig} < t^* \qquad (2-21)$$

2.2.3　火蔓延模型

2.2.3.1　气相模型

如引言所述,气相模型认为气相的燃烧是决定火蔓延速度的关键因素,该模型考虑了气相的化学反应和气相传热,并把气相向固相的热反馈作为边界条件。气相的控制方程包括以下几种。

连续方程：

$$\frac{\partial(\rho u)}{\partial x} + \frac{\partial(\rho v)}{\partial y} = 0 \qquad (2-22)$$

动量方程：

$$\rho u \frac{\partial u}{\partial x} + \rho v \frac{\partial v}{\partial y} = \frac{\partial}{\partial y}\left[\mu \frac{\partial u}{\partial y}\right] + g\cos\phi(\rho_\infty - \rho) \qquad (2-23)$$

能量方程：

$$\rho u \frac{\partial h}{\partial x} + \rho v \frac{\partial h}{\partial y} = \frac{\partial}{\partial y}\left[(\lambda/c_p)\frac{\partial h}{\partial y}\right] + \dot{q}'' \qquad (2-24)$$

组分方程：

$$\rho u \frac{\partial Y_i}{\partial x} + \rho v \frac{\partial Y_i}{\partial y} = \frac{\partial}{\partial y}\left[(\lambda/c_p)\frac{\partial Y_i}{\partial y}\right] + \dot{m}_i''' \qquad (2-25)$$

状态方程：

$$\rho T = \rho_\infty T_\infty \qquad (2-26)$$

化学反应方程：

$$v_F'(\text{Fuel}) + v_O'(\text{Oxidant}) \rightarrow v_P'(\text{Products}) + Q(\text{Heat}) \qquad (2-27)$$

$$\dot{q}'''/Q = -\dot{m}_F'''/(M_F v_F') = -\dot{m}_O'''/(M_O v_O') \qquad (2-28)$$

以上偏微分方程组转化为常微分方程组的方法是引入两个 Shvab-Zeldovich 变量和相似变量,然后火蔓延速度可通过进行简单的数值解得到：

$$\begin{cases} f''' + 3ff'' - 2f' = -B + \tau - BF(\eta), & \eta \leqslant \eta_f \\ f''' + 3ff''' - 2f' = -(B+\tau)F(\eta)/F_f - BF(\eta), & \eta \leqslant \eta_f \\ F'' + 3PrfF' = 0 \\ F(0) = 1, F(\infty) = f'(0) = f'(\infty) = 0 \\ f(0) = [B/(3Pr)]F'(0) \end{cases} \tag{2-29}$$

2.2.3.2 传热模型

（1）Quintiere 模型。

基于传热理论，Quintiere 分别为热薄型固体和热厚型固体建立了火蔓延模型。

① 热薄型固体火蔓延。物理模型如图 2-2 所示。

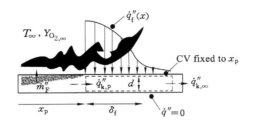

图 2-2 热薄型固体材料火蔓延的物理模型

该模型的假设如下所示：

a. 未受火焰热流影响的材料表面的温度（T_s）保持恒定，因此从控制体 CV 到远处的热传导（$\dot{q}''_{k,\infty}$）忽略不计；

b. 对于热薄型固体的顺流火蔓延，热解区向未燃区控制体的热传导（$\dot{q}''_{k,p}$）近似为零；

c. 表面热损失忽略不计。

控制体的能量方程为：

$$\rho c_p \mathrm{d}v_p (T_{ig} - T_s) = \int_{x_p}^{\infty} \dot{q}''_f \mathrm{d}x \tag{2-30}$$

定义 $\dot{q}''_f$ 为有效预热长度 δ_f 内的平均热流，则有：

$$\dot{q}''_f \delta_f = \int_{x_b}^{x_f} \dot{q}''_f \mathrm{d}x \tag{2-31}$$

将式（2-31）代入式（2-30）可得火蔓延速度为：

$$v_p = \frac{\dot{q}''_f \delta_f}{\rho c_p \mathrm{d}(T_{ig} - T_s)} \tag{2-32}$$

② 热厚型固体火蔓延。物理模型如图 2-3 所示。

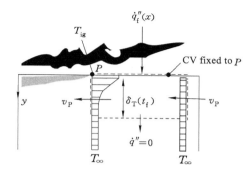

图 2-3　热厚型固体材料火蔓延的物理模型

该模型的假设如下所示：

a. 在预热区 δ_{ph} 内火焰热流为恒定值 $\dot{q}''_f$，预热区外热流值为零；

b. 表面热损失忽略不计；

c. $y = \delta_T$ 时，$\dot{q}'' = 0$ 且 $T = T_\infty$；

d. 环境温度和气流温度都为 T_∞；

e. 火蔓延是稳定的，即 v_p 是恒定值。

控制体的能量方程为：

$$\rho c_p v_p \int_0^{\delta_T} (T - T_\infty) \mathrm{d}y = \dot{q}''_f \delta_{ph} \tag{2-33}$$

固相的温度变化可近似为：

$$\frac{T - T_\infty}{T_{ig} - T_\infty} = \left(1 - \frac{y}{\delta_T}\right)^2 \tag{2-34}$$

边界条件如下所示：

$$y = 0, T = T_{ig} \tag{2-35}$$

$$y = \delta_T, T = T_\infty, \frac{\partial T}{\partial y} = 0 \tag{2-36}$$

基于方程（2-34）和边界条件，可进行如下积分：

$$\int_0^{\delta_T} (T - T_\infty) \mathrm{d}y = (T_{ig} - T_\infty)\delta_T/3 \tag{2-37}$$

关于热穿透厚度的合理近似为：

$$\delta_T = C\sqrt{kt_s/\rho c_p} \tag{2-38}$$

其中 C 的大小取决于 T 和 T_∞ 的相近程度，其取值范围为 $1\sim4$。在 Quin-tiere 的研究中取 $C = 2.7$。另外，$t_s = \delta_{ph}/v_p$。将式（2-37）和式（2-38）代入

式(2-33)可得：

$$v_p \approx \frac{4\dot{q}_f''^2 \delta_{ph}}{\pi k \rho c_p (T_{ig} - T_\infty)^2} \tag{2-39}$$

考虑前文介绍的点燃模型[式(2-20)和式(2-21)]，并认为 $\delta_{ph} = x_f - x_p$，那么上述热薄型和热厚型固体的火蔓延模型可转化为一个统一的形式：

$$v_p = \frac{x_f - x_p}{t_{ig}} \tag{2-40}$$

（2）Bhattachajee 模型。

Bhattachajee 模型和 De Ris 模型都为典型的传热模型，虽然两者推导方法不同，但得到了一致的火蔓延速度的表达式，因此本书选其一，即 Bhattachajee 模型进行介绍。

固体火蔓延物理模型如图 2-4 所示，可见火蔓延为逆流火蔓延，固相火蔓延速度和气流速度分别为 V_f 和 V_g，如果假设火焰前锋和热解前锋是静止的，那么相对气流速度为 $V_f + V_g$，气相控制体的特征长度为 L_{gx} 和 L_{gy}，固相控制体的特征长度为 L_{sx} 和 L_{sy}，气相和固相的时间特征尺度分别为 t_g 和 t_s，且有 $t_g \simeq L_{gx}/V_r$，$t_s \simeq L_{sx}/V_f$。

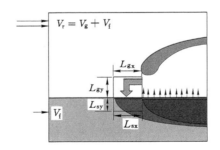

图 2-4　固体火蔓延物理模型（Bhattachajee 模型）

模型所做的假设如下所示：

① 气相化学反应速率无限快；

② 固相热解过程反应速率无限快。

上述假设说明气相化学反应和固相热解反应对火蔓延基本没有影响，火蔓延由热传输决定。

气相控制体内的能量方程为：

$$\frac{\partial}{\partial x}(\rho u T) \simeq \frac{\lambda}{c_p} \frac{\partial^2 T}{\partial x^2} \tag{2-41}$$

引入特征长度,并考虑特征时间尺度,上式可转变为:

$$\frac{\rho_r V_r \Delta T}{L_{gx}} \simeq \frac{\lambda_r \Delta T}{c_p L_{gx}^2} \tag{2-42}$$

由方程(2-42)可得:

$$L_{gx} \simeq \frac{\alpha_g}{V_r} \tag{2-43}$$

进一步推导气相的 y 方向的特征长度:

$$L_{gy} \simeq \sqrt{\alpha_g t_g} \simeq \sqrt{\alpha_g \frac{L_{gx}}{V_r}} \simeq \frac{\alpha_g}{V_r} \tag{2-44}$$

可以看到,x 方向和 y 方向的特征长度有相同之处,因此,气相的总体的特征尺度可以表示为:

$$L_g \simeq L_{gx} \simeq L_{gy} \simeq \frac{\alpha_g}{V_r} \tag{2-45}$$

和固相热传导相比,火焰传热(气相传热)更为重要,为决定性因素,因此固相的 x 方向的特征尺度由气相特征尺度决定:

$$L_{sx} \simeq L_g \tag{2-46}$$

进一步推导固相的 y 方向的长度尺度:

$$L_{sy} \simeq \sqrt{\alpha_s t_{res,s}} \simeq \sqrt{\alpha_s \frac{L_g}{V_f}} \simeq \sqrt{\frac{\alpha_g \alpha_s}{V_r V_f}} \tag{2-47}$$

引入和材料厚度及热穿透厚度有关的一个参数 τ:

$$\tau \simeq \min\left(d, \sqrt{\frac{\alpha_g \alpha_s}{V_r V_f}}\right) \tag{2-48}$$

对于热薄型材料,τ 的值为 d;对于热厚型材料,τ 的值为 L_{sy}。

固相控制体的能量方程表示为:

$$V_f \tau \rho_s c_s (T_v - T_\infty) \simeq L_g \lambda_g \frac{(T_f - T_v)}{L_g} \tag{2-49}$$

当材料为热薄型时,$\tau = d$ 代入式(2-49)可得:

$$V_{f,thin} \simeq \frac{\lambda_g}{\rho_s c_s d} \frac{(T_f - T_v)}{(T_v - T_\infty)} \tag{2-50}$$

当材料为热厚型时,将 $\tau = \sqrt{\alpha_g \alpha_s / (V_r V)}$ 代入式(2-49)可得:

$$V_{f,thick} \simeq V_r \frac{\lambda_g \rho_g c_g}{\lambda_s \rho_s c_s} \frac{(T_f - T_v)^2}{(T_v - T_\infty)^2} \tag{2-51}$$

在多数情况下，$V_r \approx V_g$，这是因为对于逆流火蔓延，火蔓延速度相对于气流速度来说很小，因此式(2-51)转化为：

$$V_{f,\text{thick}} \simeq V_g \frac{\lambda_g \rho_g c_g}{\lambda_s \rho_s c_s} \frac{(T_f - V_v)^2}{(T_v - T_\infty)^2} \tag{2-52}$$

第3章 实验仪器和方法

本书采用实验研究和理论分析相结合的研究方法,因此有必要介绍实验系统及实验方法。针对不同方面的研究,实验系统各组成部分的布置是不同的,实验设计也有差异,该内容将在第 4 章至第 6 章详述,但基本不变的是实验系统中的测量仪器及对应的方法原理,因此本章将对此进行介绍。

3.1 实验仪器

3.1.1 锥形量热仪

本研究中,PS 保温材料试样的燃烧特性将由锥形量热仪测量得到。目前,锥形量热仪测试是量化材料火灾特性较先进的方法,而且通过附加的软件,其还能够预测 SBI 的测试结果,这使其成为一种较理想和经济的测量手段。锥形量热仪测试能够得到材料的点燃性能、产热性能、产烟特性和有毒气体产生特性等,具体包括点燃时间、总热释放量、热释放速率、有效燃烧热、平均烟气产生速率、CO(一氧化碳)产量、其他气体(可选,如 HCN)产量等,并且可得到上述特性(点燃时间除外)随时间的变化曲线。

本书所用的锥形量热仪如图 3-1 所示,一个完整的锥形量热系统应包括以下组件:加热锥、可水平或竖直放置材料的支架、温控设备、电子天平、电火花、排气系统、气体采样系统、顺磁性氧分析器、激光系统、热流计、校准燃烧器、数据采集系统和 FTT 锥量软件。

3.1.2 数码摄像机

在本研究中,数码摄像机用于记录整个实验过程。通过处理视频,可得到火焰形态和火蔓延速度等数据。本书用到的数码摄像机型号为 SONY HDR-PJ790E,如图 3-2 所示。该数码摄像机的功能参数见表 3-1。

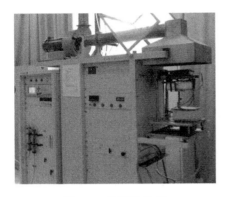

图 3-1　锥形量热仪

图 3-2　数码摄像机(SONY HDR-PJ790E)

表 3-1　　　　　　　　　　**SONY HDR-PJ790E 数码摄像机的功能参数**

功能参数	参数值
有效像素	614 万(16∶9);416 万(4∶3)
实际焦距	3.8～38 mm
最大光圈	F1.8～F3.4
对焦方式	手动对焦、自动对焦
建议照明度	6 lx(1/50 s 快门速度)
视频格式	AVCHD

3.1.3　电子天平

电子天平用于记录材料燃烧过程中的质量变化,进一步可得到材料的质量损失速率。本研究所用的电子天平型号为 METTLER TOLEDO XP10002S(见图 3-3),该天平的量程为 0～10 100 g,精度为 0.01 g,数据输出频率设为 1 Hz。实验中电子天平和电脑相连,并在电脑中安装相应软件,以实时采集并存储质量数据。

3.1.4　热流计

作为一种经典热流计,Gardon 热流计在本研究中用于测量火焰热流。Gardon 热流计设计精巧、结构坚固、安装方便,其热流传感器能够在各种应用中可靠、直接地测量热流。鉴于上述优势,Gardon 热流计被大量应用在地面和飞行航空实验、传热研究、可燃性实验、火灾实验、材料开发和窑炉开发。

本书中 Gardon 热流计的型号是 MEDTHERM 64,如图 3-4 所示。Gardon

热流计分为非水冷式、水冷式和吹气式,MEDTHERM 64 系列热流计为水冷式,该热流计还设有一个可拆卸的蓝宝石视窗,安装此视窗后,热流计测得的是辐射热流,拆卸此视窗后,测得的是总热流(辐射热流和对流热流之和)。该热流计的工作温度为 800 ℃,量程为 0～100 kW/m²,无视窗和有视窗时的响应度分别为 12.38 (kW/m²)/mV 和 10.45 (kW/m²)/mV。

图 3-3　电子天平
(METTLER TOLEDO XP10002S)

图 3-4　Gardon 热流计
(MEDTHERM 64 系列)

3.1.5　热电偶

温度特性是材料火蔓延的关键特性之一,其中火焰温度可用于评价材料的火灾危险性,表面温度变化可用于计算预热区长度,固相及气相的温度变化可用于计算燃烧区向未燃区的传热。

热电偶可用于测量温度值,其在火灾测试中广泛应用。塞贝克(Seebeck)效应为热电偶测温的基本原理,由塞贝克效应可知,两种不同温度的导体或半导体接触后会产生电势差,该电势差的大小由两种金属材料的自身性质及温度差决定,具体的表达式如下:

$$E_{AB} = \alpha \Delta T + 0.5\beta \Delta T^2 \tag{3-1}$$

其中,α 和 β 是与金属材料性质相关的常量,ΔT 和 E_{AB} 分别为温度差和电势差。

如图 3-5 所示,本研究所用热电偶为 K 型热电偶,其测点直径和响应时间分别为 0.5 mm 和 0.03 s,测温范围为 0～1 000 ℃,精确度为 ±2.2 ℃。

由于 K 型热电偶的接点具有一定的热容量,热接点从介质中吸热后,使自身的温度上升到稳定值需要一些时间,因此相对于被测介质的温度变化,热电偶测得的温度存在滞后,即产生热惯性。为消除热惯性的

图 3-5　K 型热电偶

影响,需用下式对所测温度进行修正:

$$T = T_m + \tau \frac{dT_m}{dt} \tag{3-2}$$

其中,T_m 为热电偶测量温度,τ 为与温度无关的常量。

τ 的表达式如式(3-3)所列:

$$\tau = \frac{\rho c_p \pi d^3}{6h\pi d^2} = \frac{\rho c_p d^2}{6(hd/k_f)k_f} = \frac{\rho c_p d^2}{6Nuk_f} \tag{3-3}$$

其中,ρ 和 c_p 分别为热电偶接点的密度和比定压热容,Nu 和 k_f 分别为努塞尔数和热导率,d 为热接点直径。

3.1.6 数据采集仪

在本研究的实验中,热电偶一般和数据采集仪相连,数据采集仪拥有液晶显示屏、内置计算器及相关处理软件,可以实时地记录、存储、显示及处理温度数据。该数据采集仪由日本 YOKOGAWA 公司生产,型号为 DL-750,如图 3-6 所示。除了温度数据,该数据采集仪还能够测量各种电流和电压数据,并将其转化为压力等其他数据。该数据采集仪具有 16 个输入通道,所有输入通道都可调节至所需的采集频率。

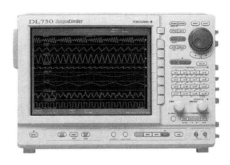

图 3-6　数据采集仪(YOKOGAWA,DL-750)

3.1.7 红外热像仪

利用红外热像仪也可测得温度数据,其技术原理是将被测物体的红外辐射首先经红外探测器接收,再经信号处理系统的处理,最终输出视频热图像。物体的热分布经转变处理得到温度分布场信息,以灰度或伪彩在监视器上显示出来。普朗克定律和斯蒂芬-玻尔兹曼定律是红外测温的两个基础理论,普朗克定律揭示了黑体光谱辐射能量密度($E_{b\lambda}$)和光谱辐射波长(λ)之间的关系,表达式如下所列:

$$E_{b\lambda} = \frac{C_1}{\lambda^5 (e^{C_2/\lambda T} - 1)} \tag{3-4}$$

其中,C_1 和 C_2 分别为第一和第二普朗克常数。

斯蒂芬-玻尔兹曼定律反映了黑体的总发射功率与自身温度的关系:

$$E_b = \sigma T^4 \tag{3-5}$$

现实世界并不存在黑体,不同的物体表现出不同的发射率,因此在测温之前确定被测对象的发射率很关键,本研究中,红外热像仪主要用于测量 PS 保温材料的火焰温度,然而,通过实验确定的保温材料火焰发射率不一定精确,因为其受多种因素影响,除此之外,红外热像仪测火焰温度还会受到环境温度、测量角度等因素的影响,因此其测温准确度可能低于热电偶,但是热电偶只能得到某一点的温度,而红外热像仪能够得到二维的温度场,这是其优势所在。

本研究所用红外热像仪为 DIAS Infrared GmbH 公司生产,型号为 PYROVIEW 380M,如图 3-7 所示。该热像仪能够进行连续拍摄,拍摄频率最高可达 50 Hz,其详细的功能参数值列于表 3-2 中。

图 3-7　红外热像仪
(PYROVIEW 380M)

表 3-2　　　　　**PYROVIEW 380M 红外热像仪的功能参数**

功能参数	参数值
光谱范围	5 μm
量程	400～900 ℃
传感器类型	非制冷二维红外阵列(384×288 像素)
镜头性能	手动调焦
视场角	$30° \times 23°$
测量误差	2%
温漂	0.1%
响应时间	40 ms
运行温度	-10～50 ℃
存放温度	-20～70 ℃

3.2 实验方法

3.2.1 测量火焰形态的方法

火焰形态为材料火蔓延的关键参数之一,其包括火焰高度、火焰面积和火焰倾角等。研究火焰形态有以下意义:一是火焰形态和材料的火灾危险性密切相关;二是火焰形态能够定性反映燃烧区的流场特性以及燃烧区向未燃区的传热特性;三是火焰形态和其他火蔓延特性参数有着内在联系,如前人提出了火焰高度和热释放速率的关系,因此可通过火焰形态的测量(较容易测得),间接得到其他较难直接测得的参数。

为求得火焰形态参数,可用以下几种方法:直观观察法、图像处理方法、传感器辅助测量方法。直接观察法只能得到定性结论,前人为得到定量数据,在火焰旁布置标尺,然而此种方法依然不能准确、快捷地得到火焰形态随时间的变化规律。传感器辅助测量方法虽然可以实时得到火焰形态数据,但成本较高,系统较复杂。相比之下,图像处理方法简单、快捷、准确,因此成为本研究的首选方法。

图像处理方法的步骤如下:用数码摄像机记录整个火蔓延过程,利用视频处理软件将需研究的视频截取出来,并按照设定的频率解帧成若干图片,利用 Matlab 软件编制程序,将每张图片(彩色图)转换为二值图,通过计算二值图中亮点个数,并按照指定比例(亮点像素尺寸和空间实际尺寸之比),换算得到火焰高度、火焰面积等参数。为实现彩色图向二值图的转化,需要在 Matlab 程序中选择一个阈值,像素值高于该阈值的设为 1,低于该阈值的设为 0。关于该阈值的选择,一般有两种方法:固定阈值法和阈值自动选取方法。后者包括双峰法、迭代法、大津法(OTSU 法)、灰度拉伸法和 Kirsh 算子,其中大津法(OTSU 法)较为常用。大津法由大津于 1979 年提出,针对某一图像,记 t 为前景与背景的分割阈值,前景点数占图像比例为 ω_0,平均灰度为 u_0,背景点数占图像比例为 ω_1,平均灰度为 u_1。图像的总平均灰度为:$u = \omega_0 u_0 + \omega_1 u_1$。从最小灰度值到最大灰度值遍历 t,当 t 使得 g 值[$g = \omega_0 (u_0 - u)^2 + \omega_1 (u_1 - u)^2$]最大时,$t$ 即为分割的最佳阈值。

3.2.2 测量火蔓延速度的方法

为测得火蔓延速度,可选择采取以下方法。

(1)热电偶法。

该方法的基本原理是在火蔓延方向等距布置若干根热电偶,相邻热电偶之

间距离为 d，当热电偶测得温度升至特定值 T_0 时，即表明火蔓延至此处，相邻两热电偶分别达到温度 T_0 的时间差为 t，那么火蔓延速度为 d/t。热电偶法需要注意的问题：一是热电偶垂直火蔓延方向的位置。如果将其布置在火焰中，则可测得火焰前锋的蔓延速度；如果将其布置在材料表面或者材料中，则可测得热解前锋的蔓延速度。在实验中应设法使热电偶固定，因为热电偶受热应力及空气流动影响会出现晃动，这将造成温度值和 d 的变化，进而影响求得的火蔓延速度。二是 T_0 值的选择。一般可根据具体情况选择火焰的平均温度或者材料的热解温度。三是热电偶的要求。测点直径小，响应速度快的热电偶为最佳选择。

该方法虽然可以较准确地测得火焰前锋或热解前锋的位置，但是对于非稳态的火蔓延，该方法不能够详细得到蔓延距离随时间的变化曲线，即不能得到火蔓延速度随时间的变化规律（除非热电偶布置得非常密）。而且由于热电偶的导热性能良好，其存在会在一定程度上冷却火焰，进而减慢火蔓延速度，对实验结果产生影响。特定情况下，热电偶法也有有利的一面。如竖直顺流火蔓延时，火焰前锋（或者热解前锋）很难通过直观观察法或者图像处理方法确定，此时，利用热电偶法求取火蔓延速度较为方便。

（2）图像处理方法。

图像处理方法的原理和使用步骤在上文已经详述，此处不再赘述。与测量火焰形态不同的是，此处更关注二值图中火焰前锋的位置，并利用 Matlab 程序计算得到该位置随时间变化的曲线，对曲线进行一阶求导，即可得到火蔓延速度随时间的变化规律。

图像处理方法用到的硬件设备为数码摄像机，因此成本较低。运用相关软件和程序处理视频和图片，能够迅速得到火蔓延距离随时间变化的曲线，而且相对其他方法，该方法得到的曲线是连续的。

（3）红外热像法。

此法可以看作热电偶法的另一种形式。红外热像仪可以监测火蔓延过程中材料周围的温度场，结果以红外视频的形式存在；可以利用专业的红外视频处理软件，在材料一定位置处布置虚拟测点（类似于热电偶），之后的处理方法和原理与热电偶法相同。和热电偶法相比，该方法的优点是非接触测温，可以布置更多虚拟测点而不影响火蔓延速度，不必考虑热电偶的安装固定问题，操作相对简单。但是当热解前锋被火焰所遮掩时，该方法将不能得到热解前锋的蔓延速度，这一点和图像处理法是类似的。

第4章　PS外墙保温材料燃烧行为研究

4.1　引言

ISO 5660锥形量热仪测试是一种标准测试,在本章中应用该测试方法研究PS保温材料的燃烧行为。虽然材料厚度是影响材料燃烧特性的重要因素,但通过文献调研发现,前人关于PS保温材料锥形量热仪测试的理论和实验研究中,较少涉及材料厚度。而且前人的研究集中在EPS方面,对XPS燃烧特性的研究较为少见。另外,材料厚度和辐射热流强度的耦合影响也值得深入研究。

在本章中,将利用锥形量热仪测试方法研究不同辐射热流强度和材料厚度工况下PS保温材料的燃烧特性,将不同工况下测得的数据进行比较,分析材料厚度、辐射热流强度对锥形量测仪测试结果的影响,深入研究其中机理。另外,基于第2章的加热和点燃模型,本章将建立适合PS保温材料的点燃模型。

4.2　实验材料、系统和方法

4.2.1　实验材料

实验用到的材料为非阻燃处理的EPS和XPS,材料的部分物性参数列于表4-1中,试样的尺寸为100 mm×100 mm。

表 4-1　　　　　　　　　　PS保温材料部分物性参数

材料	$k/[\mathrm{W/(m \cdot K)}]$	$\rho/(\mathrm{kg/m^3})$	$c/[\mathrm{J/(kg \cdot K)}]$	T_{ig}/K	$p^{b}/\%$
XPS	0.029	34	1 210	629	96.5
EPS	0.040	17	1 210	629	98.0

注:b表示保温材料颗粒为蜂窝结构,p表示蜂窝之间的孔隙率。

4.2.2　实验系统

本研究用到的实验装置为锥形量热仪,测试标准为 ISO 5660。

4.2.3　实验方法

每次测试前,辐射热流调至测试值,试样侧边和背面被铝箔包裹,水平放置在样品架上,试样底面放置石膏板隔热,调节样品支架高度,使得材料上表面距离加热锥 2.5 cm,此时材料表面所在水平面定义为标准测试水平。

为研究材料厚度对燃烧特性的影响,本研究中试样厚度选择 2 cm、3 cm、4 cm 和 5 cm。每组测试前,加热锥到材料上表面的距离是恒定的。为研究外加辐射热流强度对燃烧特性的影响,辐射热流强度设置为 25 kW/m²、35 kW/m² 和 45 kW/m²。当加热锥和电火花开启后,电脑软件也启动以记录实验数据。一旦火焰连续出现,则认为材料被点燃,记录点燃时间,每个工况的测试至少重复两次以减小实验误差。

4.3　结果和讨论

4.3.1　点燃时间

4.3.1.1　试样厚度的影响

实验测得的 PS 保温材料的点燃时间列于表 4-2 中。如表 4-2 所列,XPS 和 EPS 的点燃时间都随试样厚度的增大而增长,原因可能是试样的受热收缩。PS 保温材料含有双尺度(double-scale)空隙率,即其由 PS 保温材料颗粒构成,颗粒又由蜂窝结构组成,即使不考虑颗粒间的孔隙率,蜂窝结构之间的孔隙率也高于 96%。在外加辐射热流的作用下,PS 保温材料的原始结构被破坏,内部气体得到释放,因此其收缩十分显著,如图 4-1 所示,这使得试样上表面和加热锥之间的距离增加,若忽略熔融收缩后材料的厚度,增加的距离约等于材料的厚度,材料越厚,意味着加热距离越长,导致材料表面接收的辐射热流越少,因此点燃时间越长。此外,发现 4cm 和 5cm 厚的试样在 25 kW/m² 辐射热流作用下的点燃时间明显高于其他工况,其中原因和机理将在下文详述。

表 4-2　　　不同厚度和辐射热流强度工况下 XPS 和 EPS 的点燃时间　　　　　　　s

材料	辐射热流强度 /(kW/m²)	2 cm	3 cm	4 cm	5 cm
XPS	25	129	140	＞600	＞600
	35	39	44	50	62
	45	22	23.5	28	33
EPS	25	237	256	＞600	＞600
	35	54	60	69	86
	45	33	36.5	39	46

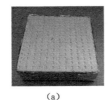 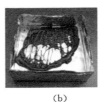

(a)　　　　　　　　　　(b)

图 4-1　试样被加热前后的形态对比(3 cm 厚 XPS)

(a) 加热前；(b) 加热后

上文是对厚度效应的定性分析，下文将进一步做定量分析。利用辐射热流计，测量标准测试水平正下方不同距离处的热流值，距离选择 0.5 cm、1 cm、2 cm、3 cm、4 cm 和 5 cm，引入函数 $F(d)$：

$$F(d) = \dot{q}''_d / \dot{q}'' \tag{4-1}$$

其中，$\dot{q}''$ 代表标准测试水平处的辐射热流强度，$\dot{q}''_d$ 为非标准测试水平(即标准测试水平正下方的水平面)处的辐射热流强度，非标准测试水平和标准测试水平之间的竖直距离为 d。如上文所述，一般收缩熔融后的试样厚度很小，因此在本研究中，d 也可看作试样厚度。

将实验值代入式(4-1)可得到 $F(d)$ 的计算值，如图 4-2 所示。$\dot{q}'' = 25$ kW/m² 时，对于 4 cm 和 5 cm 厚的试样，$F(d)$ 的值分别为 0.732 和 0.652，则对应的 $\dot{q}''_d$ 值分别为 18.3 kW/m² 和 16.3 kW/m²，该值可能已接近临界点燃热流强度(CHF)(在 4.3.1.2 节的分析中将验证此观点)，而当外加辐射热流强度接近临界点燃热流强度时，点燃时间将显著增长，上述分析可以解释 4 cm 和 5 cm

厚试样在 25 kW/m² 辐射热流作用下点燃时间明显长于其他工况的现象。由图 4-2 可以观察到，随 d 的增长，$F(d)$ 基本呈线性衰减，因此对数据进行线性拟合，和所有实验数据符合较好的拟合方程为：

$$F(d) = 1.014\ 2 - 0.067\ 4d \tag{4-2}$$

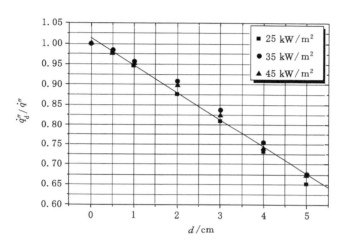

图 4-2　辐射热流强度比值随标准测试水平至试样表面垂直距离的变化规律

由式（2-21）可得：$t_{ig} = [(\pi/4)k\rho c(T_{ig} - T_0)^2]/\dot{q}_d''^2$，其中 t_{ig} 为点燃时间的实验值（如表 4-2 所列），同理有：$\overline{t_{ig}} = [(\pi/4)k\rho c(T_{ig} - T_0)^2]/\dot{q}''^2$，基于式（4-1）、式（4-2）和上述两表达式可推导出：

$$\overline{t_{ig}} = F(d)^2 t_{ig} = (1.014\ 2 - 0.067\ 4d)^2 t_{ig} \tag{4-3}$$

其中 $\overline{t_{ig}}$ 为修正的点燃时间，即假设 PS 保温材料不收缩时的点燃时间，$F(d)^2$ 为修正因子。进一步开展了一系列补充实验，以验证式（4-3）的可靠性。补充实验中，加热锥到试样上表面之间的竖直距离设置为 3 cm（标准测试距离为 2.5 cm）、3.5 cm、4 cm 和 4.5 cm。随着该竖直距离的增长，材料表面接收到的辐射热流可能会接近 CHF，因此一些工况没有进行测试，如辐射热流强度为 25 kW/m² 的工况及试样厚度为 5 cm 的工况。实验测得的点燃时间列于表 4-3 中。基于式（4-3）和表 4-2 中的数据，可得非标准测试距离处点燃时间的预测值，也列于表 4-3 中。绘制图 4-3 以直观地比较实验值和预测值，观察图 4-3 发现预测偏差小于 7%，这证明式（4-3）是比较可靠的。

表 4-3　　　　不同厚度和辐射热流强度工况下点燃时间实验测量值和
模型预测值的对比　　　　　　　　　　　　　　　　s

材料	辐射热流强度 /(kW/m²)	加热锥到材料表面垂直距离 /cm	预测值			实验值		
			2 cm	3 cm	4 cm	2 cm	3 cm	4 cm
XPS	35	3	42.17	47.89	54.85	43	46	52
		3.5	45.74	52.33	60.45	45	50	61
		4	49.79	57.40	—	47	55	—
		4.5	54.40	63.26	—	57	60.5	—
XPS	45	3	23.79	25.58	30.72	23	24	29
		3.5	25.80	27.95	33.85	24	26	34
		4	28.09	30.66	—	27	29	—
		4.5	30.69	33.79	—	29	35	—
EPS	35	3	58.39	65.31	75.70	55	64	78
		3.5	63.34	71.35	83.42	60	68	83
		4	68.94	78.28	—	66	74	—
		4.5	75.32	86.26	—	74	89	—
	45	3	35.68	39.73	42.78	34	42	40
		3.5	38.71	43.41	47.15	38	43	49
		4	42.13	47.62	—	40	45	—
		4.5	46.03	52.48	—	48	50	—

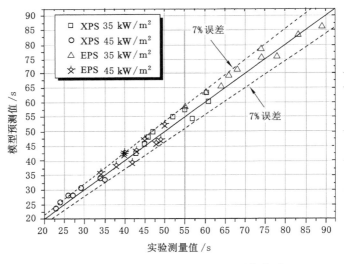

图 4-3　点燃时间实验测量值和模型预测值的对比

如前所述,锥形量热仪测试中,试样的受热收缩增加了辐射加热距离,使得测得的点燃时间出现偏差,可利用本书建立的模型[式(4-3)]对偏差进行修正。基于式(4-3)和图 4-2,可计算得到不同工况下的修正点燃时间($\overline{t_{ig}}$),如图 4-4 所示。图 4-4 表明对于大部分工况修正点燃时间随试样厚度增大而缩短,且试样厚度较大时,$\overline{t_{ig}}$ 的缩短变得不明显,该结论和 Shi 等的研究结果一致,他们通过锥形量热仪测试自燃条件下不同厚度的非碳化材料(HDPE、PP 和 PMMA)得到类似的结论。然而,本研究结果和 Harada 的结论存在差异,他发现,对于典型可碳化材料,多数情况下点燃时间随材料厚度的增大而延长。此外,Huang 等的研究表明 PS 保温材料的顺流火蔓延速度随材料厚度增大而增大,本书的研究结论可以解释该现象。在顺流火蔓延过程中,火焰一般贴向未燃区表面,因此加热距离不会因材料收缩而改变,即可认为材料不会收缩,此情况下需用修正点燃时间,如上所述,修正点燃时间随厚度增大而减小,由式(2-40)可知,火蔓延速度和点燃时间负相关,因此火蔓延速度随材料厚度增大而增大。

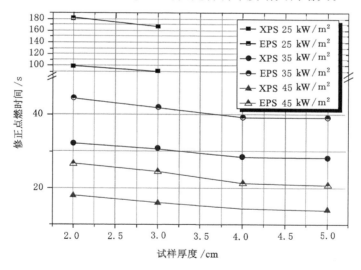

图 4-4　修正点燃时间随试样厚度的变化

4.3.1.2　辐射热流强度的影响

由表 4-2 和图 4-4 可得,PS 保温材料的点燃时间随辐射热流强度增大而缩短,这表明材料的点燃危险性随辐射热流强度的增大而升高,该现象出现原因可由本书建立的优化模型[式(4-3)]解释,由优化模型可知,点燃时间和辐射热流强度负相关。

当辐射热流强度为 25 kW/m² 时,点燃时间明显长于其他辐射工况,因此有必要计算 CHF 强度,理论分析如下。

当外加辐射热流强度接近临界点燃热流强度时,材料表面向环境的热损失不可忽略,热损失主要考虑辐射热损失(第 2 章的点燃模型已考虑对流热损失,此处不重复考虑):

$$\dot{q}''_{\text{loss}} = \varepsilon\sigma(T^4 - T^4_\infty) \tag{4-4}$$

那么材料表面实际得到的热流为:

$$\dot{q}''_{\text{ac}} = \dot{q}''_{\text{d}} - \dot{q}''_{\text{loss}} = \dot{q}''_{\text{d}} - \varepsilon\sigma(T^4 - T^4_\infty) \tag{4-5}$$

将上式代入式(2-21)可得:

$$t_{\text{ig}} = \frac{(\pi/4)k\rho c(T_{\text{ig}} - T_0)^2}{(\dot{q}''_{\text{d}} - \dot{q}''_{\text{loss}})^2} \tag{4-6}$$

上式可转化为:

$$1/\sqrt{t_{\text{ig}}} = \frac{\dot{q}''_{\text{d}} - \dot{q}''_{\text{loss}}}{\sqrt{(\pi/4)k\rho c}(T_{\text{ig}} - T_0)}$$

$$= \frac{F(d)\dot{q}''}{\sqrt{(\pi/4)k\rho c}(T_{\text{ig}} - T_0)} - \frac{\varepsilon\sigma(T^4 - T^4_\infty)}{\sqrt{(\pi/4)k\rho c}(T_{\text{ig}} - T_0)} \tag{4-7}$$

式(4-7)和 Luche 等提出的公式一致,该式表明 $1/\sqrt{t_{\text{ig}}}$ 和外加辐射热流强度之间的关系是线性的,直线的斜率和截距分别为 b 和 a:

$$b = \frac{F(d)}{\sqrt{(\pi/4)k\rho c}(T_{\text{ig}} - T_0)} \tag{4-8}$$

$$a = \frac{\varepsilon\sigma(T^4 - T^4_\infty)}{\sqrt{(\pi/4)k\rho c}(T_{\text{ig}} - T_0)} \tag{4-9}$$

当 $t_{\text{ig}} \to \infty$ 时,$1/\sqrt{t_{\text{ig}}} \to 0$,有:

$$\dot{q}'' = \text{CHF} = |a/b| \tag{4-10}$$

上述为理论分析,下文将介绍实验结果。图 4-5 列出了点燃时间的平方根的倒数随加热锥辐射热流的变化趋势,并对图中数据进行线性拟合,拟合结果良好,拟合直线的斜率和截距同样示于图 4-5 中。这证明了 $1/\sqrt{t_{\text{ig}}}$ 确实随辐射热流强度线性变化,和理论分析相符。另外,线性拟合并没有包括 4 cm 和 5 cm 厚试样的数据,原因已在上文详述。由图可得,XPS 试样拟合直线的斜率高于 EPS 试样的,由式(4-10)计算得到的 XPS 的临界热流强度为 $10.42 \sim 10.82$ kW/m^2,EPS 的临界热流强度为 $11.77 \sim 12.07$ kW/m^2,即 CHF$_{\text{XPS}}$ < CHF$_{\text{EPS}}$,这也证明 XPS 的点燃危险性高于 EPS。另外,Tewarson 提出实验测得的 CHF 高于理论计算值,因此 PS 保温材料的 CHF 实验值可能还要高于上述数值。

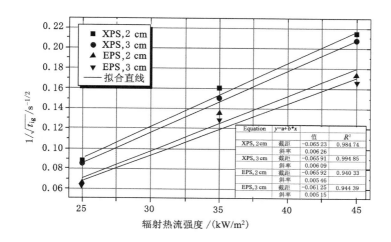

图 4-5　$1/\sqrt{t_{ig}}$ 和辐射热流强度的关系

4.3.1.3　XPS 和 EPS 的比较

PS 保温材料的物理特性参数值如表 4-1 所列,将这些参数值代入式(2-21)或式(4-3),可以得到材料点燃时间的理论值,发现 XPS 的点燃时间理论值长于 EPS(假设 XPS 的 ε 和 T_0 值等于 EPS 的),而实验结果显示 XPS 的点燃时间是小于 EPS 的,造成结果不符的原因可能如下:

EPS 的孔隙率高于 XPS 的,因此 XPS 的密度大于 EPS 的,这是造成 XPS 点燃时间理论值高于 EPS 的主要因素,然而在实验中,PS 保温材料点燃前会经历较长时间的熔融阶段(其熔融温度约为 150 ℃,远低于其点燃温度),黄新杰研究表明熔融 PS 保温材料的物理特性和熔融前相差很大,熔融 XPS 和 EPS 的孔隙率基本相同,因此可以推断熔融 XPS 和 EPS 的密度基本相同,如果此时熔融 XPS 的 kc 值依然低于 EPS,就会造成 XPS 点燃时间的实验值低于 EPS 的。上述关于熔融 PS 保温材料密度和 kc 值的推论,需要在将来的研究中进行验证。

本书以实验结果为准,证明了 XPS 的点燃危险性高于 EPS 的,这和 4.3.1.2 节的结论是相符的。

4.3.2　热穿透厚度

热穿透厚度(δ_p)定义为被加热至一定温度处的材料厚度,可以通过以下公式计算得到:

建筑外墙聚苯乙烯保温材料燃烧及火蔓延行为

$$\delta_{\text{p}} = C_{\text{T}} \sqrt{\frac{k t_{\text{ig}}}{\rho c}} \tag{4-11}$$

其中,参数 C_{T} 的值通常取 1.13。计算得到的不同工况下的热穿透厚度值列于表 4-4 中,可见 δ_{p} 随厚度增大而增大,但随辐射热流强度的增大而减小,另外,XPS 的热穿透厚度小于 EPS 的。

表 4-4　　不用厚度和辐射热流强度工况下 XPS 和 EPS 的热穿透厚度　　　　　　cm

材料	辐射热流强度 /(kW/m²)	2 cm	3 cm	4 cm	5 cm
XPS	25	1.08	1.12	—	—
	35	0.59	0.63	0.67	0.75
	45	0.44	0.46	0.50	0.54
EPS	25	2.42	2.52	—	—
	35	1.16	1.22	1.31	1.46
	45	0.91	0.95	0.98	1.07

本研究中,将 $1/\delta_{\text{p}}$ 和 $\dot{q}''$ 的关系表示于图 4-6 中,并对图中数据进行线性拟合,发现两者符合下式:

$$1/\delta_{\text{p}} = B\dot{q}'' + A \tag{4-12}$$

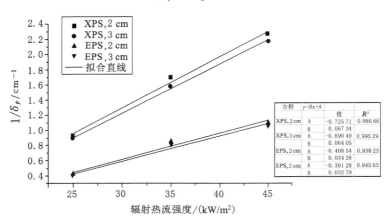

图 4-6　热穿透厚度和辐射热流强度的关系

PS 保温材料的表达式[式(4-12)]不同于前人关于聚甲基丙烯酸甲酯(PM-MA,又称有机玻璃)及木材的研究结果,他们得到的关系式为 $\delta_{\text{p}} = C\rho/\dot{q}''$,对于木材,Babrauskas 得到 $C=0.6$,对于 PMMA,Shi 等得到 $C=0.14$。

4.3.3　热释放速率

4.3.3.1　试样厚度的影响

不同试样厚度工况下热释放速率(HRR)随时间的变化曲线如图 4-7 所示。对于厚度为 2 cm 的试样,只观察到一个较明显的增长峰;而对于厚度大于 2 cm 的试样,至少有两个增长峰,其中一个增长峰出现在点燃后,另一个增长峰出现在熄灭前[如图 4-7(a),4 cm 厚试样]。增长峰出现的原因论述如下:

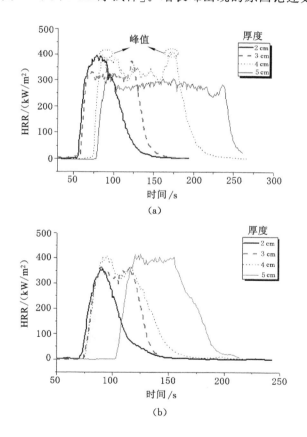

图 4-7　不同厚度的试样 HRR 随时间的变化(辐射热流强度:35 kW/m²)

(a) XPS;(b) EPS

在材料点燃前,质量损失速率已经达到一定值,且一定量的热解气体已释放到材料上部,当点燃发生时,该部分热解气体发生燃烧,除此之外,材料表面接收到火焰和加热锥的双重热流,热解加速,更多的热解气体释放并发生燃烧,因此,点燃后出现了一个热释放速率的增长峰。

在 PS 保温材料火焰熄灭前,剩余的未燃材料变得很薄,因试样底部由隔热石膏板支撑,所以由材料表面向下的热传导被阻断。另外,由于大部分材料已燃尽,部分包裹材料的铝箔暴露在辐射热流下[图 4-1(b)],使其温度急剧升高,铝箔向未燃材料的热传导不可忽略。热损失的减少和传热的增加造成未燃材料热解加速,使得在火焰熄灭前出现一个热释放速率的峰值。然而对于 2 cm 厚的试样,质量较小,大部分质量已在第一个热释放速率增长峰处消耗,剩余的质量不足以产生第二个增长峰,因此只观察到一个增长峰。

通过比较两个增长峰的峰值发现,XPS 的第一个增长峰的峰值低于第二个增长峰的峰值,而 EPS 却恰好相反,原因如下:

两种材料的燃烧残余物如图 4-8 所示,和 EPS 相比,XPS 产生较多的燃烧残余物。在 XPS 着火燃烧的初期,残余物会附着在未燃材料表面,对传热传质有一定阻碍作用,因此第一个增长峰的峰值较低,随着燃烧的进行,材料表面的残余物逐渐破裂,在材料熄灭前,残余物的阻碍作用不再显著,因此测试结尾处的增长峰的峰值较高,前人对于木材的测试,也观察到类似的现象。而对于 EPS,由于几乎无燃烧残余物,则不存在上述问题。另外也可观察到,5 cm 厚的 XPS 试样为例外情况,即第一个增长峰的峰值高于第二个增长峰的峰值,原因可能是 5 cm 厚的试样在加热收缩过程中未收缩到底时即发生点燃,此时材料表面至加热锥的距离较小(和该材料火焰熄灭前的情况相比),接收的辐射热流强度较高,因此第一个增长峰的峰值较高。

(a)   (b)

图 4-8　XPS 和 EPS 燃烧残余物的比较

(a) XPS;(b) EPS

不同试样厚度工况下 HRR 的峰值和平均值列于表 4-5 中,可见 EPS 的

HRR 峰值和平均值均随试样厚度的增大而增大,但对于 XPS 却没有发现类似规律,XPS 的 HRR 平均值高于 EPS 的。本研究中,XPS 的密度和总质量为 EPS 的 2 倍,然而,XPS 和 EPS 的燃尽时间却相差不大,由此可推断 XPS 的平均质量损失速率较高,而在实验中,通风良好,燃烧彻底,因此较高的平均质量损失速率对应较高的 HRR 平均值。

表 4-5　　　　不同厚度的 PS 保温材料试样 HRR 的峰值和平均值　　　　kW/m²

厚度/cm	XPS		EPS	
	HRR 最大值	HRR 平均值	HRR 最大值	HRR 平均值
2	403.36	240.55	355.47	78.83
3	380.12	188.89	357.80	173.95
4	406.91	189.02	401.31	125.53
5	359.03	240.13	446.43	180.49

4.3.3.2　辐射热流强度的影响

不同辐射热流强度作用下 PS 保温材料的热释放速率随时间变化曲线如图 4-9 所示。对于 35 kW/m² 和 45 kW/m² 作用下的 EPS 试样和所有辐射工况下的 XPS 试样,可观察到至少两个增长峰,分别发生在点燃后和熄灭前,对于 EPS,点燃后的增长峰的峰值高于熄灭前增长峰的峰值,而对于 XPS 却恰好相反,此现象的机理已在 4.3.3.1 节论述。

上述规律的例外是在 25 kW/m² 作用下的 EPS 试样,测试后发现其仅有一个 HRR 增长峰。这是因为在材料点燃之前,热解和质量损失也在进行,而该工况下的 EPS 的点燃时间明显长于其他工况,此外,EPS 本身质量较小,约为 XPS 的 1/2,因此点燃前的质量损失比例十分显著,造成剩余质量较小,不足以产生第二个 HRR 的增长峰。

图 4-10 列出了不同辐射热流作用下 PS 保温材料的 HRR 峰值和平均值,对数据进行线性拟合,发现拟合结果良好,即在本研究条件下,HRR 峰值和平均值均随辐射热流强度线性增长,拟合直线方程也列于图 4-10 中。

通过 4.3.3.1 节和 4.3.3.2 节的数据可得,XPS 的 HRR 平均值高于 EPS 的,HRR 的平均值和最大值均随辐射热流强度的增大而增大,这表明 PS 保温材料的热释放危险性具有上述相同的规律和趋势。

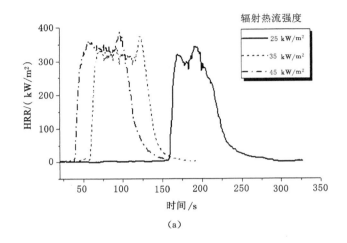

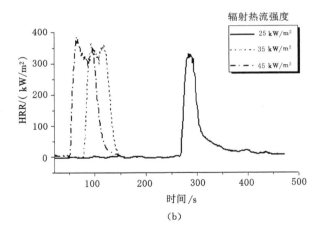

图 4-9　不同辐射热流强度工况下 HRR 随时间的变化(试样厚度:3 cm)

(a) XPS;(b) EPS

4.3.4　火势增长指数

火势增长指数(FGI)表达式为:

$$FGI = pk\,HRR/t \qquad (4-13)$$

其中,$pk\,HRR$ 为材料热释放速率的峰值,t 为峰值出现所用的时间。火势增长指数从放热的角度反映了材料点燃后火势发展的快慢。热释放速率峰值越高,达到峰值所用的时间越短,火势增长指数越大,表明该材料火灾发展越快,火灾

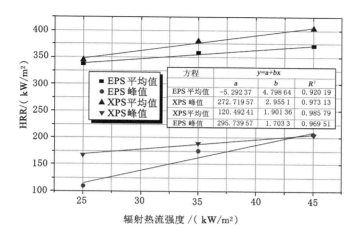

图 4-10　HRR 的峰值、平均值和辐射热流强度的关系

危险性就越高。

计算得到不同工况下的 FGI 值列于表 4-6 中。可以看到,无论是 XPS 还是 EPS,FGI 值都随厚度和辐射热流强度增大而增大,XPS 的 FGI 值是高于 EPS 的。这表明火灾发展也有类似的趋势。

表 4-6　　**不同厚度和辐射热流强度工况下 XPS 和 EPS 的 FGI 值**

材料	参数	参数值			
XPS	辐射热流强度/(kW/m²)	25	35	45	
	FGI	20.05	23.64	26.66	
	厚度/cm	2	3	4	5
	FGI	17.14	25.46	30.59	33.25
EPS	辐射热流强度/(kW/m²)	25	35	45	
	FGI	19.24	22.75	25.49	
	厚度/cm	2	3	4	5
	FGI	17.09	22.75	23.81	24.48

4.3.5　有效燃烧热

有效燃烧热(EHC)表示某时刻所测得的热释放速率与质量损失速率之比,它反映了挥发性气体在气相火焰中的燃烧程度。实验得到的 EHC 随时间变化曲线如图 4-11~图 4-14 所示。

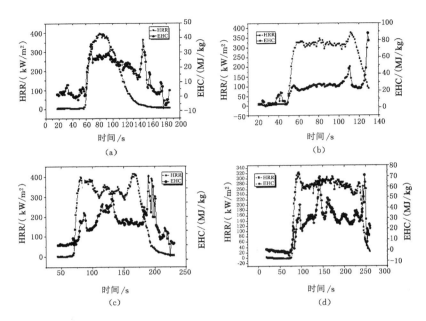

图 4-11　不同厚度的 XPS 试样的 EHC 和 HRR 随时间的变化（辐射热流强度：35 kW/m²）

(a) 2 cm；(b) 3 cm；(c) 4 cm；(d) 5 cm

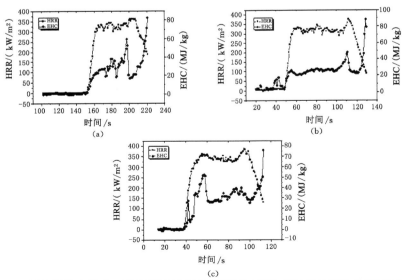

图 4-12　不同辐射热流强度工况下 XPS 试样的 EHC 和 HRR 随时间的变化（试样厚度：3 cm）

(a) 25 kW/m²；(b) 35 kW/m²；(c) 45 kW/m²

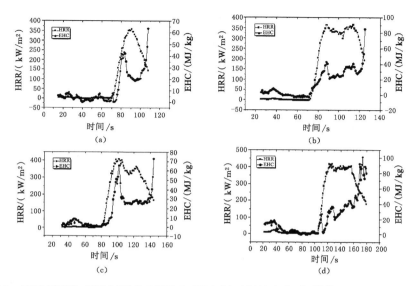

图 4-13　不同厚度的 EPS 试样的 EHC 和 HRR 随时间的变化(辐射热流强度:35 kW/m²)

(a) 2 cm;(b) 3 cm;(c) 4 cm;(d) 5 cm

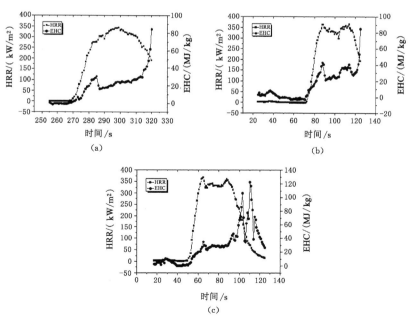

图 4-14　不同辐射热流强度工况下 EPS 试样的 EHC 和 HRR 随时间的变化

(试样厚度:3 cm)

(a) 25 kW/m²;(b) 35 kW/m²;(c) 45 kW/m²

由不同厚度、不同辐射热流强度工况下试样的 EHC 和 HRR 随时间变化的曲线可以发现以下几点:一是在未点燃的阶段,HRR 略大于零值,然而在一些测试中,如 3 cm 厚 XPS 在 35 kW/m² 辐射热流作用下,EHC 的值却出现了较明显的波动。这种现象产生的原因是,虽然此阶段材料未点燃,但有可能出现闪火,闪火类似于可燃液体的闪燃现象,即加热锥下方已经存在一定浓度的热解可燃气体,与空气混合并被辐射加热到一定温度后出现明火,但由于试样(燃料)的质量流率还未达到点燃所需值,热解可燃气体供给不足,造成明火一闪即灭。二是点燃后,有效燃烧热曲线迅速上升并出现第一个峰值,这和热释放速率曲线变化趋势相符合,此阶段质量损失速率也呈增长趋势,由 EHC 的定义可知,EHC 与质量损失速率呈反比,因此此阶段应该是由 HRR 主控。三是第一个峰值之后,EHC 曲线和 HRR 曲线出现了较明显的差异,由此可推测此阶段有效燃烧热由质量损失速率主控。四是在 HRR 下降阶段,EHC 出现了明显的峰值,且 EHC 的最大值也出现在此阶段。这是因为在 HRR 下降阶段,试样剩余很少,燃烧趋于结束,但锥形量热仪的抽风状态并未改变,氧气-燃料比增大,燃烧效率提高,因此 EHC 在此阶段出现峰值和最大值。

由实验数据可以得到不同辐射热流强度和试样厚度条件下 EHC 的平均值和最大值,其中求平均值时,选取的是点燃后 EHC 的数据。将计算结果列于表 4-7 中,发现对于 XPS 和 EPS,EHC 的平均值都随辐射热流强度的增大而增大。由图 4-10 可知,HRR 随辐射热流强度的增大而增大,质量损失速率由传热决定,因此辐射热流强度越大,质量损失速率越大。由前面分析可知,EHC 与质量损失速率负相关,由此推测,在辐射热流强度对 EHC 的影响机制中,HRR 是主控因素。另外,XPS 试样的 EHC 平均值随试样厚度增大而先增后减,转折点出现在试样厚度为 4 cm 处,EPS 试样的 EHC 平均值随试样厚度增大而持续增大。值得注意的是,XPS 的 EHC 平均值普遍低于 EPS,这可能是因为 EPS 的密度是 XPS 的一半,在相同的通风条件下,EPS 的燃烧更为彻底,实验观察到EPS 形成的烟尘浓度明显低于 XPS 的,这也印证了上述结论。

表 4-7　不同厚度和辐射热流强度工况下 XPS 和 EPS 试样的 EHC 平均值和最大值

材料	参数	参数值			
XPS	辐射热流强度/(kW/m²)	25	35	45	
	EHC 平均值/(MJ/kg)	21.98	27.90	31.63	
	EHC 最大值/(MJ/kg)	82.72	88.14	76.09	
	厚度/cm	2	3	4	5
	EHC 平均值/(MJ/kg)	17.49	27.90	32.90	31.25
	EHC 最大值/(MJ/kg)	42.65	88.14	96.81	73.56

续表 4-7

材料	参数	参数值			
EPS	辐射热流强度/(kW/m²)	25	35	45	
	EHC 平均值/(MJ/kg)	23.41	27.90	38.32	
	EHC 最大值/(MJ/kg)	84.41	84.94	127.79	
	厚度/cm	2	3	4	5
	EHC 平均值/(MJ/kg)	20.72	27.90	33.52	38.78
	EHC 最大值/(MJ/kg)	63.64	84.94	72.85	100.93

4.3.6　总释放热

　　总释放热(THR)是指单位面积材料燃烧所释放的总热量。由图 4-15 和图 4-16 可知,随时间增长,PS 保温材料试样的 THR 从零值开始稳定增长,最后达到一个较恒定的值。随着辐射热流强度的增大,THR 零值持续时间变短,该持续时间基本为点燃时间,点燃时间的缩短会使点燃前材料热解消耗的质量减小,因此剩余的参与燃烧的材料质量较高,引起 THR 最大值的增大,这与图 4-15 和图 4-16 显示的结果一致。随厚度增大,THR 零值持续时间延长,原因和上文所述相同。随厚度增大,THR 的最大值也呈增长趋势,原因是材料单位面积的质量增大。表 4-8 列出了不同工况下 XPS 和 EPS 试样的 THR 的最大值,发现 XPS 的 THR 最大值高于 EPS 的,这是由于 XPS 的密度高于 EPS 的。

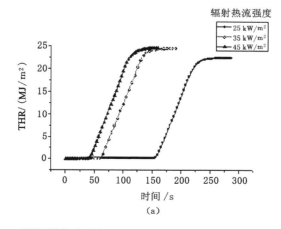

(a)

图 4-15　不同辐射热流强度工况下 THR 随时间的变化(试样厚度:3 cm)

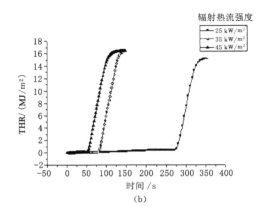

续图 4-15 不同辐射热流强度工况下 THR 随时间的变化(试样厚度:3 cm)

(a) XPS;(b) EPS

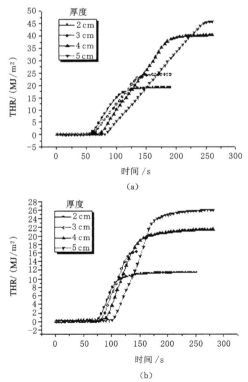

图 4-16 不同厚度试样 THR 随时间的变化(辐射热流强度:35 kW/m²)

(a) XPS;(b) EPS

表 4-8　　　不同厚度和辐射热流强度工况下 XPS 和 EPS 试样的
THR 的最大值

材料	参数	参数值			
XPS	辐射热流强度/(kW/m²)	25	35	45	
	THR$_{max}$/(MJ/m²)	22.41	24.56	24.67	
	厚度/cm	2	3	4	5
	THR$_{max}$/(MJ/m²)	19.08	24.56	40.30	45.86
EPS	辐射热流强度/(kW/m²)	25	35	45	
	THR$_{max}$/(MJ/m²)	15.22	16.30	16.53	
	厚度/cm	2	3	4	5
	THR$_{max}$/(MJ/m²)	11.51	16.30	21.57	25.94

由 THR 最大值可求出材料的燃烧热,公式如下:

$$h_c = THR_{max}/(\rho\delta) \tag{4-14}$$

其中,δ 为材料厚度。本书求得 XPS 和 EPS 的燃烧热分别为 28.06 MJ/kg 和 33.85 MJ/kg,这和 Quintiere 的结果相近。

4.3.7　烟生成速率

火灾中,烟气是造成人员伤亡的主要因素之一。首先,烟气降低了可见率,妨碍人员逃生疏散;其次,高温烟气及烟气中的有毒有害气体会对人员造成直接伤害。烟生成速率(SPR)是材料重要的燃烧特性之一,可通过锥形量热仪的激光系统测得,不同外界辐射热流强度及不同材料厚度工况下,SPR 随时间的变化曲线如图 4-17 和图 4-18 所示。由图可知,SPR 随时间的变化曲线和 HRR 有相似之处,即在材料点燃后和熄灭前,各有一个 SPR 峰值,称为 A 峰值和 B 峰值,A、B 峰值高于其他区段的峰值。对于 XPS 试样,随着辐射热流强度或试样厚度的增大,A、B 峰值和其他区段峰值的差异变小,而 EPS 试样却没出现这种现象。对于较厚试样,A 峰值和 B 峰值是同时存在的,然而对于较薄试样(厚度为 2 cm),A 峰值和 B 峰值只存在其一。

进一步研究 SPR 的最大值和平均值,其中求取 SPR 平均值时,所用数据为材料点燃到熄灭之间的 SPR 值,如图 4-17(a)竖线之间区段。将不同热流工况下 SPR 的最大值和平均值列于表 4-9 中。由表可得,随着辐射热流强度和试样厚度的增大,SPR 的最大值和平均值基本也呈增大趋势,而且 XPS 的 SPR 平均值均高于 EPS。由此可推测,在火灾中,较厚的 XPS 在较高的外界热流作用下,会较快地产生大量烟气。

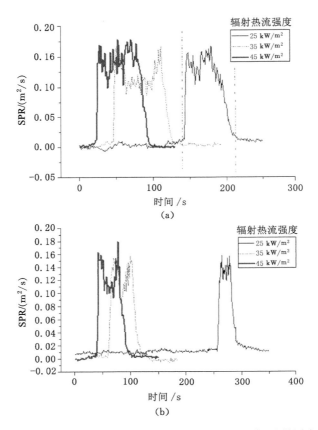

图 4-17　不同辐射热流强度工况下 SPR 随时间的变化（试样厚度：3 cm）

(a) XPS；(b) EPS

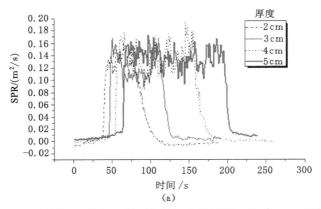

图 4-18　不同厚度试样 SPR 随时间的变化（辐射热流强度：35 kW/m²）

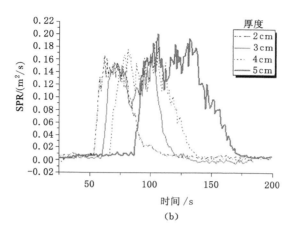

续图 4-18　不同厚度试样 SPR 随时间的变化(辐射热流强度:35 kW/m²)

(a) XPS;(b) EPS

表 4-9　不同厚度和辐射热流强度工况下 XPS 和 EPS 试样的 SPR 平均值和最大值

材料	参数	参数值			
XPS	辐射热流强度/(kW/m²)	25	35	45	
	SPR 平均值/(m²/s)	0.104 0	0.108 3	0.114 4	
	SPR 最大值/(m²/s)	0.160 4	0.177 5	0.179 7	
	厚度/cm	2	3	4	5
	SPR 平均值/(m²/s)	0.098 2	0.102 3	0.123 1	0.124 0
	SPR 最大值/(m²/s)	0.166 1	0.177 5	0.189 8	0.186 5
EPS	辐射热流强度/(kW/m²)	25	35	45	
	SPR 平均值/(m²/s)	0.088 9	0.098 2	0.101 7	
	SPR 最大值/(m²/s)	0.154 8	0.167 1	0.175 1	
	厚度/cm	2	3	4	5
	SPR 平均值/(m²/s)	0.084 4	0.098 9	0.106 4	0.108 5
	SPR 最大值/(m²/s)	0.165 9	0.167 1	0.197 7	0.204 3

4.4　本章小结

通过锥形量热仪测试,本章研究了 PS 保温材料(XPS 和 EPS)的燃烧特性,测试中选择不同厚度的试样和不同辐射热流强度,得到不同工况下的点燃时间、热穿透厚度、热释放速率(HRR)、火势增长因子(FGI)、有效燃烧热(EHC)、总释放热(THR)和烟气生成速率(SPR),分析了厚度和辐射热流强度对上述燃烧特性的影响,揭示了其中的机理,在本研究的实验条件下,得到如下结论:

(1) 随着材料表面至标准测试水平竖直距离的增大,辐射热流强度呈线性衰减。考虑试样厚度(或加热距离)的影响,建立了 PS 保温材料的辐射点燃模型,该模型可用于修正因材料受热收缩引起的点燃时间的变化,对于大部分工况,修正后的点燃时间随试样厚度增大而减小。另外,PS 保温材料的点燃时间随辐射热流强度的增大而缩短,通过理论分析和实验数据拟合得到其点燃时间平方根的倒数与辐射热流强度的线性公式,进一步计算得到材料的临界点燃热流强度。

(2) PS 保温材料的热穿透厚度(δ_p)随辐射热流强度的增大而减小,并且 $1/\delta_p$ 和 $\dot{q}''$ 呈线性关系。PS 保温材料的热穿透厚度基本小于材料厚度,因此其为热厚型材料。

(3) 当 PS 保温材料厚度较小或者辐射热流强度较小时(35 kW/m² 作用下的 2 cm 厚试样和 25 kW/m² 作用下的 3 cm 厚试样),材料热释放速率(HRR)变化曲线中仅有一个增长峰,而对于其他工况,至少存在点燃后和熄灭前两个增长峰,EPS 点燃后的增长峰高于熄灭前的增长峰,而 XPS 却恰好相关。两种材料 HRR 的最大值和平均值均随辐射热流强度的增大而线性增长。

(4) 有效燃烧热(EHC)的平均值随辐射热流强度的增大而增大。XPS 的 EHC 平均值随试样厚度增大先增后减,EPS 的 EHC 平均值随试样厚度增大而持续增大。火势增长指数、总热释放量的最大值以及烟气生成速率的平均值和最大值均随辐射热流强度或试样厚度的增大而增大。

(5) XPS 试样的点燃时间、临界点燃热流强度、热穿透厚度和有效燃烧热的平均值均小于 EPS,然而 XPS 的热释放速率平均值、总释放热的最大值、烟气生成速率的平均值及最大值却高于 EPS 的。综上,XPS 火灾危险性高于 EPS 的火灾危险性。

本章研究得到的 PS 保温材料火灾特性基础数据可代入后面章节所建立的模型,求得模型预测值,也可代入前人的加热、点燃模型,验证其可靠性。而且,本章得到的结论和建立的模型可以为 PS 保温材料火灾危险性评估提供指导。另外,本章的研究也进一步丰富了火灾科学和量热学。

第 5 章　PS 外墙保温材料顺流火蔓延行为研究

5.1　引言

　　顺流火蔓延指的是蔓延方向和气流方向一致的火蔓延行为,一般来说,顺流火蔓延速度较高,火灾危险性较大。PS 保温材料顺流火蔓延行为很复杂,受很多参数影响,前人很多工作涉及单一参数对顺流火蔓延的影响,然而在实际火灾中,火蔓延会受到多参数的耦合作用,如材料宽度、倾斜角度和环境压力的耦合作用,这方面的研究还很少。另外,建筑外墙的 PS 保温材料发生火灾时,其火蔓延还将受到一些结构因素的影响,如防火隔离带,该领域也亟须进行深入、全面研究。因此,本章将研究试样宽度与倾斜角度对 PS 保温材料顺流火蔓延的耦合作用,并研究防火隔离带对 PS 保温材料顺流火蔓延的影响,建立相应的火蔓延模型,并验证模型的可靠性。

5.2　高原和平原不同环境下试样宽度和倾斜角度对 PS 保温材料顺流火蔓延的影响

5.2.1　概述

　　尽管实验材料不是 PS 保温材料,许多研究人员仍然发现试样宽度和倾斜角度会对火蔓延行为产生影响。他们的研究表明,在低于某个临界值时,试样宽度将对火蔓延产生显著影响。当倾斜角度是 0°时,Mell 等提出,随着试样宽度变小,对流热传导的增强导致了火蔓延速度的增大。然而,Li 等指出,当试样宽度范围在 2~11 cm 时,火蔓延速度将随着宽度增加而增大。当倾斜角度为 90°时,火焰高度和火蔓延速度随着试样宽度的增加而增大。Rangwala 和 Pizzo 等认为宽度影响的机理是侧边处扩散效应随宽度的变化,然而 Tsai 发现整个火焰宽度上的扩散(即正面扩散)也可引发宽度效应。Ito 等根据不同倾斜角度条件下测量得到的温度场和流场分析了固相传热,揭示了火蔓延速度和倾斜角度之间的内在联系。另外,许多研究者提出了不同的关于火蔓延速度和倾斜角度的公式。

在前人研究中,关于试样宽度和倾斜角度对火蔓延速度的影响至今没有达成共识,其中包含的机理也需要进一步研究。而且,目前尚未有关于不同环境中试样宽度和倾斜角度对 PS 保温材料表面火蔓延耦合影响的研究,因此本研究很有必要。本研究在高原和平原不同环境下开展了一系列 PS 保温材料火蔓延实验,改变试样宽度和倾斜角度并分析它们对实验结果的影响,最终得到这些因素对材料火蔓延的影响机制。

5.2.2 实验系统和方法

图 5-1 所示为实验系统图。实验系统由旋转支架、标尺、石膏板、PS 保温材料试样、电脑、摄像机、热电偶和数据采集仪组成。通过旋转支架可以调节试样倾斜角度至预定值。本书中,倾斜角度分别为 0°、15°、30°和 90°。标尺固定在旋转支架的一侧以确定火焰前锋位置,同时用于标定像素距离和实际距离间的比例。石膏板用于减弱燃烧过程中的材料背面换热。在火蔓延过程中,材料表面的温度变化通过直径为 0.5 mm 的 K 型热电偶进行测量,利用数据采集仪记录热电偶数据。数码摄像机用于录制火蔓延过程,数据存储在计算机中,通过计算机图像处理程序获得火焰形状以及火焰前锋随时间变化的数据。

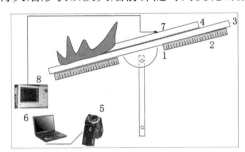

图 5-1　实验台示意图

1——旋转支架;2——标尺;3——石膏板;4——PS 保温材料试样;

5——摄像机;6——电脑;7——热电偶;8——数据采集仪

实验使用了 EPS 和 XPS 两种 PS 保温材料,该材料和第 4 章所用材料性质一致,其长度、厚度以及密度分别是 80 cm、4 cm 和 18 kg/m³,试样宽度分别是 4 cm、8 cm、12 cm 和 16 cm。试样背部使用铝箔进行包裹以防止材料熔融后流淌至石膏板上。实验开始之前,试样被放置在石膏板上,其中部上表面设置热电偶用于测量表面温度。每次实验开始前使用线性点火源点燃试样的一端,每组工况重复 3 次以减小实验误差,实验分别在拉萨高原环境和合肥平原环境下进行,两地实验时的环境条件如表 5-1 所列。

表 5-1　　　　　　　　　　实验中高原和平原地区的环境条件

位　置	海拔 /m	气压 /kPa	绝对氧浓度 /(kg/m³)	相对湿度 /%	环境温度 /℃
拉萨(高原)	3 658	65.5	0.175	25～28	25～30
合肥(平原)	50	100.8	0.269	35～38	23～26

5.2.3　结果和讨论

5.2.3.1　火焰形态

　　XPS 和 EPS 火蔓延过程中典型的火焰形态如图 5-2 所示,可以看出试样的燃烧区由两部分组成:表面火焰区和池火区。当 PS 试样点燃后,未燃材料被加热、软化直至熔融,表面火焰由附着在未燃材料表面的熔融材料燃烧形成,池火区则由流淌至铝箔表面、积聚并继续燃烧的熔融材料形成。通过实验观察和上述分析,可得火焰结构简图,如图 5-3 所示。

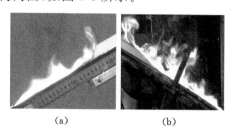

(a)　　　　　　　　(b)

图 5-2　典型火焰形态(EPS,12 cm 宽,倾斜角度为 30°)

(a)高原地区;(b)平原地区

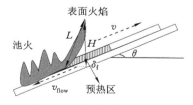

图 5-3　火焰结构示意图

δ_f——预热区长度;H——平均表面火焰高度;θ——倾斜角度;L——表面火焰长度;

v——蔓延速度;v_{flow}——熔融 PS 保温材料向下流动速度

5.2.3.2 表面火焰高度

本书中,表面火焰高度定义为火焰尖端与火焰根部所在水平面之间的垂直距离(见图 5-3)。然而,火焰高度随时间会发生变化,因此,本书引入平均表面火焰高度(H),定义其为表面火焰尖端出现频率为 50% 处的高度。无量纲表面火焰高度定义为平均表面火焰高度与试样宽度的比值,即 H/W。

1. 宽度影响

扩散火焰高度与 Froude 数(Fr 数)有关,这是因为 Fr 数代表了流体惯性力与浮力的比值,扩散火焰高度取决于这两种力的相互作用。当火焰高度主要受浮力控制时,Fr 数较小,此时无量纲火焰高度服从关系式 $H/W \simeq Fr^n$,而 $Fr = u_0^2/(Wg)$,则无量纲火焰高度和试样宽度的关系可以表示为如下形式:

$$H/W \simeq W^{-n} \tag{5-1}$$

图 5-4 表明实验结果与式(5-1)吻合较好,同时由图 5-4 可得 $0.7 < n < 1$。

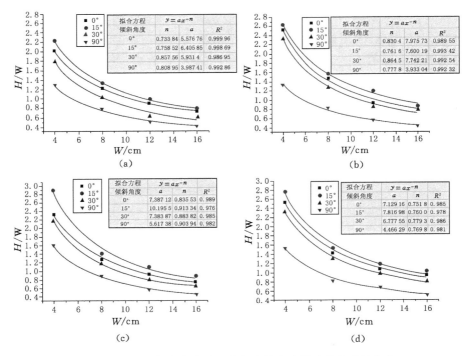

图 5-4　不同倾斜角度下无量纲火焰高度随试样宽度的变化

(数据点表示实验值,曲线表示拟合结果)

(a) EPS,高原;(b) EPS,平原;(c)XPS,高原;(d) XPS,平原

2. 倾斜角度影响

如图 5-5 所示,平均表面火焰高度随着倾斜角度的增加先增大后减小,最大值出现在倾斜角度为 15°的时候。

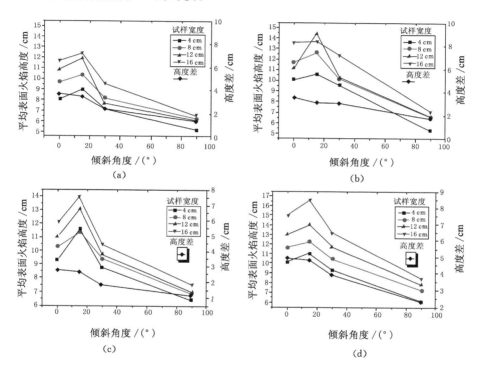

图 5-5　不同倾斜角度和试样宽度下平均表面火焰高度及高度差变化

(a) EPS,高原;(b) EPS,平原;(c) XPS,高原;(d) XPS,平原

当倾斜角度增大时,表面火焰被拉伸,即火焰长度 L 增大,这与 Chen 等的实验结果一致。然而,表面火焰长度和平均表面火焰高度之间存在如下关系:

$$H = L\sin(\theta + \gamma) \tag{5-2}$$

其中,γ 是火焰夹角,即火焰下表面和试样表面之间的夹角。当倾斜角度增大时,火焰夹角变小。正是表面火焰长度 L 和火焰夹角 γ 的双重作用,使得表面火焰高度出现先增大后减小的趋势。这种趋势同样说明了火焰长度 L 的影响在倾斜角度较小时处于主导地位,而火焰夹角 γ 的影响则在倾斜角度较大的情况下占主导地位。

3. 宽度与倾斜角度的耦合影响

从图 5-5 中还可以发现,最大和最小宽度对应的表面火焰高度之差随着倾斜角度的增大而减小。这意味着试样宽度对平均表面火焰高度的影响随着倾斜角度的增大而减弱。

另外,从图 5-5 中还可以发现,合肥平原的 PS 保温材料的平均表面火焰高度明显大于拉萨高原的。这是因为合肥气压比拉萨气压高,从而使得燃烧速率更快,进而使得单位宽度热释放速率更高。如式(5-3)所列,单位宽度热释放速率的增高将导致火焰高度增加。

$$x_{\mathrm{f}} = a\left[\dot{Q}'/(\rho_{\infty} c_p T_{\infty} \sqrt{g})\right]^{2/3} \tag{5-3}$$

其中,x_{f} 是火焰高度,$\dot{Q}'$ 是单位宽度热释放速率,a 是常数,ρ_{∞} 是环境气体密度,c_p 是燃料的比定压热容,T_{∞} 是环境温度,g 是重力加速度。上述公式由前人通过实验和无量纲分析得出。

5.2.3.3 池火特性

随着倾斜角度的增加,EPS 和 XPS 在拉萨高原均出现一些规律性行为。当倾斜角度达到 30°时,池火区出现未燃材料。这可能是由于倾斜角度的增加加剧了熔融材料的向下流淌,一些未燃材料的碎片在黏性力和重力的作用下被带到池火区。但是,此现象在合肥平原并没有发生,其原因可能是合肥平原地区压力相对高,造成绝对氧浓度更高,燃烧更加剧烈,释放的热量较多,因此即使池火区出现未燃材料,也将迅速被加热熔融。

宽度对池火的影响简述如下。Huang 等发现 EPS(4 cm 宽,倾斜角度为 0°)池火长度在合肥平原和拉萨高原都存在周期性变化,然而本研究中观察到随着试样宽度的增加,此现象不再显著。另外,当 EPS 倾斜角度为 30°时,池火区未燃材料的量随试样宽度增加而增多。这可能是由于随着试样宽度的增加,火焰前锋难以保持平齐向前方移动,从而形成更多的未燃材料碎片并被带到池火区。

5.2.3.4 火蔓延速度

火蔓延速度是描述固体火蔓延的重要参数之一,其定义是火焰前锋或者热解前锋的移动速度。本节中,火蔓延速度由图像处理法获得。下文先建立火蔓延速度模型,然后再分析实验结果。

1. 传热分析及火蔓延速度模型建立

热塑性固体在一定倾斜角度下顺流火蔓延的物理模型如图 5-3 所示,并作以下假设:

(1)气相燃烧反应是无限快的;

(2)忽略表面热损失;

(3)属于稳态火蔓延。

传热分析如下:向未燃区的传热包括火焰传热(即气相传热 $\dot{q}_f''$)和固相传热,因保温材料热导率小,且为顺流火蔓延,固相传热忽略不计,火焰热流使得材料从环境温度升至热解点燃温度并提供给材料相变潜热,相应的能量方程如式(5-4)所示:

$$v\rho_s\{\delta_s[c_{p,s}(T_m-T_\infty)+h_{\text{deg}}]+\delta_1 c_{p,1}(T_p-T_m)\}=\int_0^{\delta_{\text{ph}}}\dot{q}_f''\mathrm{d}x \quad (5\text{-}4)$$

其中,δ_s 和 δ_1 分别为未熔融层的厚度和熔融层的厚度,$c_{p,s}$ 和 $c_{p,1}$ 分别为固态和熔融态的比定压热容,T_m 和 T_p 分别为熔融温度和热解温度,δ_{ph} 为预热区长度,h_{deg} 为材料相变潜热。可见该能量方程考虑了热塑性材料的熔融过程。

为简化模型,认为预热区内火焰热流强度均匀,有:

$$\int_0^{\delta_{\text{ph}}}\dot{q}_f''\mathrm{d}x=\delta_{\text{ph}}\dot{q}_f'' \quad (5\text{-}5)$$

火焰热流强度包括辐射热流强度 $\dot{q}_r''$ 和对流热流强度 $\dot{q}_c''$:

$$\dot{q}_f''=\dot{q}_c''+\dot{q}_r''=h(T_f-T_\infty)+F_{\text{fs}}\sigma\varepsilon(T_f^4-T_\infty^4) \quad (5\text{-}6)$$

其中,T_f 为火焰温度,F_{fs} 为火焰面向材料表面辐射的视角因子,在改变倾斜角度的火蔓延问题中需加以考虑,表达式如下:

$$F_{\text{fs}}=\frac{1}{A_f}\int_{A_f}\int_{A_s}\frac{\cos\alpha\cos\beta}{\pi R^2}\mathrm{d}A_f\mathrm{d}A_s \quad (5\text{-}7)$$

其中,A_f 和 A_s 分别为火焰面积和受火焰面加热的材料表面积,α、β 和 R 如图 5-6所示。

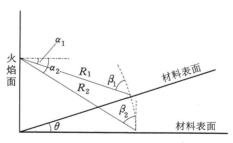

图 5-6　视角因子简图

另外,对于固体表面火蔓延,对流系数 h 和发射率 ε 与试样宽度有关:

$$\begin{cases}h=C_h W^{-1/4}\\\varepsilon=1-\exp(-\kappa_s W)\end{cases} \quad (5\text{-}8)$$

其中,W 为试样宽度,C_h 和 κ_s 都是与宽度无关的量。

值得注意的是,式(5-4)中的火蔓延速度 v 未考虑熔融材料向下的流动速

度,当材料以一定的倾斜角度放置时,需考虑熔融物的流动速度 v_{flow},因此实际的火蔓延速度为:

$$v_{\text{f}} = v - v_{\text{flow}} \tag{5-9}$$

熔融物流动速度和熔融物微团(可看作流体)的受力有关,在与材料表面平行方向,熔融物受重力分力和剪切力作用,据此建立动量方程如下:

$$v_{\text{flow}} = g \sin \theta \Delta t - \frac{\mu \Delta t}{\rho_1 \delta_1} \cdot \frac{\partial v_{\text{flow}}}{\partial x} \tag{5-10}$$

其中,μ 为熔融流体的动力黏度,θ 为材料的倾斜角度,ρ_1 为熔融流体的密度。根据 Aubel 的理论,熔融流体的动力黏度与其温度 T 之间的关系可以表示为:

$$\mu = \frac{1}{a + b \log(T - T_c)} \tag{5-11}$$

其中,a 和 b 是常数,T_c 是临界温度。综合式(5-4)～式(5-11),可以得到热塑性固体火蔓延速度模型:

$$v_{\text{f}} = (D_1 + D_2) \delta_{\text{ph}} / D_3 - D_4 \tag{5-12}$$

其中:

$$D_1 = C_{\text{h}} W^{-1/4} (T_{\text{f}} - T_{\infty}) \tag{5-13}$$

$$D_2 = \sigma [1 - \exp(-\kappa_{\text{s}} W)] (T_{\text{f}}^4 - T_{\infty}^4) A_{\text{f}}^{-1} \int_{A_{\text{f}}} \int_{A_{\text{s}}} \frac{\cos \alpha \cos \beta}{\pi R^2} \mathrm{d} A_{\text{f}} \mathrm{d} A_{\text{s}}$$

$$D_3 = \rho_{\text{s}} \{ \delta_{\text{s}} [c_{p,\text{s}} (T_{\text{m}} - T_{\infty}) + h_{\text{deg}}] + \delta_1 c_{p,1} (T_{\text{p}} - T_{\text{m}}) \} \tag{5-14} \tag{5-15}$$

$$D_4 = g \sin \theta \Delta t - C_{\text{f}} e^{-\rho_1 \delta_1 [a + b \log(T - T_c)] x / \Delta t} \tag{5-16}$$

该模型耦合考虑了材料宽度、倾斜角度以及熔融流动的影响。

2. 关于火蔓延速度的实验结果

本书中,火蔓延速度由图像处理方法获得。实验发现某些工况下火蔓延速度随时间变化有波动,因此求其平均值。图 5-7 所示为不同倾斜角度下火蔓延速度随试样宽度的变化曲线。

(1)宽度的影响。

随着试样宽度的增加,火蔓延速度并非单调变化。Zhang 等研究了试样宽度对火蔓延速度的影响。发现火蔓延速度受到火焰热反馈的影响,而火焰热反馈主要包含对流传热和辐射传热两部分,前者随着试样宽度的增加而减小,后者则随着试样宽度的增加而增大,这可以用来解释非单调变化的趋势。而该解释与本书中建立的模型相一致[式(5-12)中的 D_1 和 D_2 项]。然而,Zhang 等的研

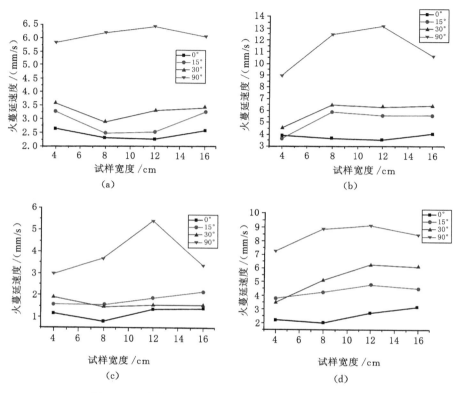

图 5-7　不同倾斜角度下火蔓延速度随试样宽度的变化

（a）EPS,拉萨高原;（b）EPS,合肥平原;（c）XPS,拉萨高原;（d）XPS,合肥平原

究仅限于水平放置的试样,并未探讨其他倾斜角度下的宽度影响,本书对此进行了研究（详见"宽度和倾斜角度的耦合影响"）。

（2）倾斜角度的影响。

如图 5-7 所示,随着倾斜角度的增大,合肥平原和拉萨高原的 EPS 和 XPS 的火蔓延速度均呈增大趋势,这与 Morandini 等的研究结果相符。其原因是随着倾斜角度的增加,火焰夹角 γ 减小,因此火焰对未燃材料的热反馈增强,导致火蔓延速度增加。

EPS 火蔓延速度随倾斜角度的变化曲线如图 5-8 所示,由图中实验数据可得火蔓延速度和倾斜角度的拟合关系式:

$$v_f = c e^{-p \sin^q (\theta/2)} \tag{5-17}$$

由 R^2 可知,拟合符合度较高,拟合得到的 c、p 和 q 的值列于表 5-2 中。

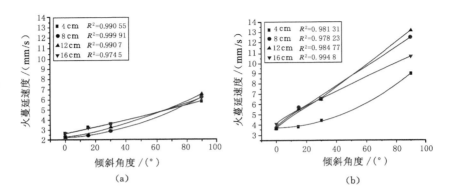

图 5-8　EPS 火蔓延速度随倾斜角度的变化

（数据点表示实验值,曲线表示拟合结果）

表 5-2　　　　　　　　不同宽度下 c、p 和 q 的拟合值

宽度(拉萨高原) /cm	c	p	q	宽度(合肥平原) /cm	c	p	q
4	2.67	−1.07	0.90	4	3.73	−1.58	1.70
8	2.29	−1.66	1.46	8	3.76	−1.52	0.69
12	2.22	−1.53	1.04	12	3.68	−1.66	0.76
16	2.65	−1.17	1.00	16	4.09	−1.23	0.71

Wang 等通过一系列实验建立了木材火蔓延速度随倾斜角度变化的公式:

$$v_f = c_1 r^{T\infty} W^m \mathrm{e}^{-c_2 l^n \sin^k(\theta/2)} \tag{5-18}$$

其中,c_1,c_2,m,n,r 和 k 是待定常数,它们的值由材料性质决定,l 是试样厚度。可以看到该经验公式和本书拟合公式有相似之处。

(3) 宽度和倾斜角度的耦合影响。

从图 5-7 可以看出,当倾斜角度较小时,随着试样宽度增加,火蔓延速度先减小后增加,称为"趋势 I"。然而,当倾斜角度增大到一定值后,火蔓延速度随宽度增加先增大后减小,称为"趋势 II"。趋势 I 转变为趋势 II 可以归因于:辐射传热随着倾斜角度的增加而增强,详细分析如下:

根据本书提出的模型,火焰热反馈[式(5-12)中 D_1 和 D_2 项]是影响火蔓延速度的重要因素。根据 Zhang 等的观点,当倾斜角度为 0°时,侧边卷吸较强,对流传热[式(5-12)中 D_1 项]在宽度较小时起主导作用,而辐射传热[式(5-12)中 D_2 项]在宽度较大时起主导作用。对流传热的值随着试样宽度的增加而减小,辐射传热则相反,两者相互作用形成了趋势Ⅰ,即火蔓延速度在对流传热起主导作用时随宽度增加而减小,并且在辐射传热起主导作用时随着宽度的增加而增大。

随着倾斜角度的增大,如图5-6所示,角 α 和 β 从 α_2 和 β_2 变为 α_1 和 β_1,显然角度减小了,此外,距离 R 同样减小了。根据式(5-7),这引起 F_{fs} 的增大。由式(5-14)可得,F_{fs} 增大引起 D_2 的增大,此时即使对于较窄试样,辐射传热也可能起主导作用,导致火蔓延速度随宽度增加而增大。在一定程度上,上述解释与Morandini的结论相符,他提出火焰辐射对火蔓延速度影响很大,而对流传热在一定的倾斜角度范围内可以忽略。以上分析同时也与 Quentiere 的研究一致,Quentiere 提出火焰热流可以通过下式得到:

$$\dot{q}''_f = C_{q,L} Bl (l \sin \theta)^{2/5} x_p^{1/5} \tag{5-19}$$

其中,$C_{q,L}$,B,l 由可燃材料的物理性质决定,且对于给定的材料这些参数为常数,由此可得,当热解长度 x_p 不随倾斜角度变化时,火焰热流和倾斜角度 θ($0° < \theta < 90°$)正相关。

试样倾角较大时,随着宽度增加,火蔓延速度增大,当宽度增加至一定程度时,附着在试样表面的熔融材料接收的火焰热流增大,引起熔融材料温度的升高。根据式(5-11),可以预测熔融材料的动力黏度随着温度升高而降低,D_2 的值将随之增大,由式(5-12)可知,这将减小火蔓延速度。这与 Ohlemiller 等的结论一致。此外,表面火焰是影响火蔓延速度的关键因素之一,它由附着在材料表面的熔融 PS 燃烧形成,随着熔融物黏度的降低,熔融材料更容易流向池火区,导致表面火焰强度减弱。另外,当宽度增大至一定值时,附着在材料表面的熔融小液滴更易积聚形成大的液滴而流淌滴落,从而进一步减弱表面火焰。上述所有因素导致:当试样宽度增加至一定值后,火蔓延速度又出现下降,这正是趋势Ⅱ出现的原因。总而言之,当辐射传热($\dot{q}''_{fr}$)在较小的试样宽度下也处于主导地位时,趋势Ⅱ将出现。可见,辐射传热的加强是导致趋势Ⅰ向趋势Ⅱ转变的关键因素。

从图5-7中可以观察到拉萨高原和合肥平原测试结果的差异,即合肥平原的火蔓延速度高于拉萨高原的。这是由于合肥平原的大气压力高,因而绝对氧浓度更高,火焰对流传热和辐射传热均随着氧浓度的升高而增大,因此对于合肥平原,式(5-12)中的 D_1 和 D_2 项均较高。此外,合肥平原较高的气压也导致更大的火焰高度,而预热区长度(δ_{ph})受表面火焰高度的影响很大,因此可推断合肥平原的预热区长度大于拉萨高原的(将在 6.2.3.5 节验证)。根据式(5-12)可以得出合肥平原的火蔓延速度高于拉萨高原的。

在拉萨高原地区,趋势Ⅰ在试样倾斜角度0°～30°之间出现,而倾斜角度为90°时,趋势Ⅱ才会出现;在合肥平原地区,倾斜角度为0°时,趋势Ⅰ出现,倾斜角度为15°～90°时,趋势Ⅱ才会出现。因此可以得出,对于倾斜角度为15°～30°的PS保温材料试样,高原地区的火蔓延速度随宽度的变化趋势与平原地区正好相反。这种现象可能归因于两地火焰辐射的差异。前人研究了较宽的压力范围内均匀火焰中炭颗粒的形成受压力的影响规律,发现随压力增长,炭颗粒的产出明显增多,Li等也指出较高的气压会引起单位体积火焰内炭颗粒数目的增加,这将增大熄灭系数 k_s 的值,进而引起火焰发射率 ε 的增大,如式(5-6)所示,火焰辐射传热将随 ε 的增大而强化。合肥平原地区的大气压力为拉萨高原地区的1.5倍,因此合肥平原地区的辐射传热相对较高,并有可能成为火蔓延中的主导因素(对于较窄试样),如上所述,这将造成趋势Ⅱ的出现。然而,对于拉萨高原地区测试中倾斜角度为15°和30°的试样,虽然倾斜角度的增大能够强化辐射传热,但不足以使辐射传热成为主导因素,因此观察到的是趋势Ⅰ。

5.2.3.5 预热区长度

预热区是未燃材料被加热的区域,该区域的温度处于环境温度和点燃温度之间。预热区长度可由如下公式得到:

$$\delta_{\mathrm{ph}} = \frac{T_{\mathrm{ig}} - T_{\infty}}{\mid \mathrm{d}T_s / \mathrm{d}x \mid_{\max}} \tag{5-20}$$

其中,T_{ig} 和 T_{∞} 分别是保温材料点燃温度和环境温度,T_s 是其表面温度。

图5-9为试样表面温度及其梯度的典型曲线。基于式(5-20),表面温度梯度用于计算预热区长度,计算结果如图5-10所示。

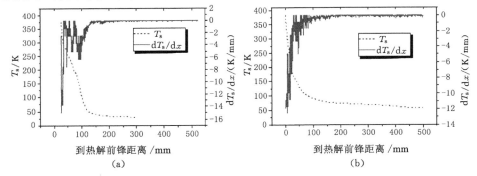

图5-9　火蔓延过程中表面温度及其梯度的典型曲线(4 cm宽EPS,倾角为0°)

(a)拉萨高原;(b)合肥平原

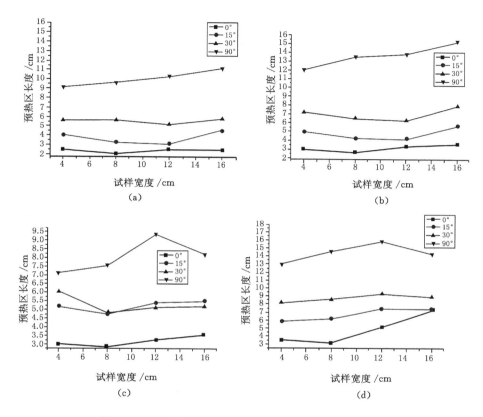

图 5-10　不同倾斜角度下预热区长度随试样宽度的变化
(a) EPS,拉萨高原;(b) EPS,合肥平原;(c) XPS,拉萨高原;(d) XPS,合肥平原

　　根据本书提出的模型[式(5-12)],预热区长度应和火蔓延速度正相关。对比图 5-7 和图 5-10,对于 XPS 而言,不同试样宽度和倾斜角度下 δ_{ph} 的变化趋势与 v_f 符合较好。然而,EPS 的 δ_{ph} 变化趋势则明显异于 v_f 的变化趋势。其原因可能是由于 EPS 的物理性质,即 EPS 表面较粗糙且内部不均匀,当热量传递至 EPS 表面时,局部的温度可能会明显升高,导致温度梯度增大。由式(5-20)可知,预热区长度在这种情况下将会减小,从而出现预热区长度和火蔓延速度相关性较差的结果。XPS 材料的闭孔结构优于 EPS 的,使得 XPS 表面比较平滑均一,因此预热区长度和火蔓延速度变化趋势符合较好。

　　尽管 EPS 的火蔓延速度与预热区长度的变化趋势在一定的宽度和倾斜角度下并不一致,但发现 v_f/W 和 δ_{ph}/W 在拉萨高原地区存在线性关系,如图 5-11 所示。

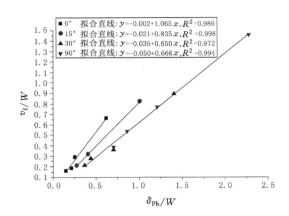

图 5-11   不同倾斜角度下火蔓延速度和预热区长度的关系

（数据点表示实验值，曲线表示拟合结果）

此时，v_f/W 和 δ_{ph}/W 存在如下关系：

$$v_f/W = a + b\delta_{ph}/W, \text{即 } v_f = aW + b\delta_{ph} \qquad (5-21)$$

随着倾斜角度的增大，a（正值）和 b（负值）均减小（除了 30°和 90°时相近的情况），这意味着宽度对火蔓延速度的影响增强，而预热区长度对火蔓延速度的影响则减弱。式（5-21）也可用于解释 EPS 预热区长度和火蔓延速度不一致的现象，这是因为试样宽度对两者关系也存在影响。

5.3   防火隔离带对 PS 保温材料竖直顺流火蔓延的影响

5.3.1   概述

目前，许多方法可用于阻断外墙保温材料火蔓延，比如窗槛墙、防火挑檐和防火隔离带，其中防火隔离带方法经济实用，施工简便，得到广泛应用。防火隔离带由不燃材料制成，如岩棉或者泡沫玻璃，应用时嵌入外墙保温系统，图 5-12(a)为应用防火隔离带的外墙保温系统结构图，图 5-12(b)为防火隔离带外观图。

韩丽丽等研究了防火隔离带对建筑外墙保温系统火蔓延的影响，在防火隔离带位于墙体不同位置的 10 种工况下，完成了一系列墙角火实验。实验用的保温材料为 XPS 和 EPS，测量得到材料表面的温度变化及火蔓延发展趋势。研究发现，通过防止外墙保温材料的二次点燃，防火隔离带能够有效地阻断外墙火蔓延。阻隔有效的条件是：相邻隔离带高度差为 2 m，隔离带自身宽度范围为

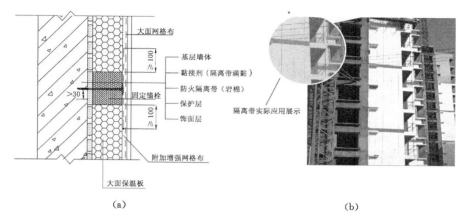

图 5-12 外墙保温系统结构图和防火隔离带外观图
（a）应用防火隔离带的外墙保温系统结构图；（b）防火隔离带外观图

150～250 mm，计算得到保温材料和隔离带的宽度比为 8～13。

孙震宁等开展了实体火灾实验，对比研究了设置防火隔离带和未设置防火隔离带的外墙薄抹灰保温系统火蔓延情况，记录了不同位置处保温系统的表面温度，研究发现最高温度出现在燃烧室之上 5 m 处，设置和未设置防火隔离带两种工况下，最高温度值分别为 300 ℃和 600 ℃。防火隔离带对火灾初期的火蔓延有显著的阻断作用，防火隔离带能够有效提升外保温系统（保温材料为 C级热塑性保温材料）的火灾安全性能。

文献调研发现，关于防火隔离带对外墙保温材料火蔓延的影响研究很少，而且前人研究只是发现防火隔离带能够在一定程度上阻隔火蔓延，但没有指出阻隔的机理和有效阻隔的临界条件。实际上，保温材料的种类、防火隔离带下方材料和隔离带本身的尺寸都会影响火蔓延过程中的质量损失、火焰高度、火焰对隔离带上方材料的热流和加热时间，这些因素耦合决定了防火隔离带能否阻断火焰向上蔓延。本研究的目的就是探索火蔓延特性随保温材料和隔离带尺寸的变化规律，结合锥形量热仪实验结果，建立模型，预测一定材料特征长度和隔离带高度工况下，火焰能否越过隔离带蔓延至上方，从而为高层建筑外墙防火隔离带的设计和安全评价提供依据。

5.3.2 防火隔离带影响下 PS 保温材料竖直顺流火蔓延模型

5.3.2.1 物理模型

物理模型如图 5-13 所示，模拟的是防火隔离带存在情况下外墙保温材料的火蔓延行为。PS 保温材料两侧为不燃边墙，边墙隔热性能良好，该边墙和材料厚度齐平,因此侧边效应和边墙效应均可忽略。防火隔离带下方材料的宽度、厚度和长度分别为 W,δ 和 L,防火隔离带的高度为 L_0。h_{total} 表示总火焰高度,其为燃烧区长度(L)和越过隔离带下边线的火焰高度(h_f)之和。

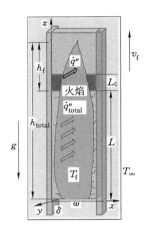

图 5-13　防火隔离带作用下 PS 保温材料顺流火蔓延的物理模型

5.3.2.2　数学模型

火焰能否越过隔离带蔓延上去,关键在于隔离带上方材料能否被点燃,这取决于火焰热流和加热时间两个因素,因此本书的研究重点是推导两因素与 PS 保温材料及防火隔离带特征长度的关系式,建模的总体思路为:第一,需推导质量损失速率和隔离带下方 PS 保温材料特征长度的关系式;第二,得到质量损失速率和总火焰高度的关系式;第三,得到无量纲隔离带高度(隔离带高度和火焰高度之比)与火焰热流的关系。经过这一系列推导,就可基于 PS 保温材料及防火隔离带特征长度预测火焰对隔离带上方材料的热流,另外,由质量损失速率可计算得到加热时间。通过锥形量热仪实验结果,可得到不同热流对应的点燃时间,将加热时间和点燃时间相比较,便可预测一定工况下防火隔离带能否切断向上的火蔓延。详细分析如下。

1. 质量损失速率和保温材料特征长度的关系

前人提出质量损失速率由燃料接收到的热流决定,Modak 和 Croce 研究了 PMMA 的池火燃烧现象,提出其质量损失速率和热流符合以下方程:

$$\dot{q}_r''(t) = \frac{\dot{m}''(t)\Delta H_g - \dot{q}_c'' - \lambda \frac{\partial T(x,t)}{\partial x}\bigg|_{x=0}}{(1-\gamma)} \quad (5-22)$$

其中,$\dot{q}_r''(t)$ 为点燃发生后 t 时刻火焰向油池的辐射热流强度,γ 为透过油池表面传入其内部的辐射热流与总辐射热流的比值,λ 为油池的热导率,ΔH_g 为 PMMA 由固态转化为气态所需的热量,$T(x,t)$ 为 t 时刻油池内部距离表面 x 处的温度,$\dot{q}_c''$ 为对流传热和表面热损失的差值。

Fang 等指出火焰向燃料表面的传热主要包括热传导、对流和辐射三部分,分别和下式右边三部分对应:

$$\dot{m}'' \propto 4\frac{\lambda(T_f - T_1)}{D} + h(T_f - T_1) + \sigma(T_f^4 - T_1^4)[1 - \exp(-\kappa_s D)]$$

$$(5-23)$$

其中，$\dot{m}''$为油池单位面积的质量损失。

在本研究中，防火隔离带下方为燃烧区，该区中的燃料为熔融PS，和池火有相似之处，因此上文的传热分析也可应用于本研究。然而，本研究中的热传导分为两部分：一部分为被加热的壁面对可燃熔融物的热传导 q_{cond1}；另一部分为可燃熔融物表面的温度梯度引起的热传导 q_{cond2}。XPS两侧由绝热性能良好的边墙阻挡，因此 q_{cond1} 可以忽略不计。另外，PS保温材料"池火"不同于前人所研究的油池火，前人研究的油池具有一定深度，油池表面和油池底部温度差异显著，造成油池表面存在温度梯度，而本研究中熔融PS池火的深度很小，可以认为温度是均一的，即表面不存在温度梯度，那么 q_{cond2} 也可以忽略。熔融物不同于液体燃料的另一点是其辐射穿透率很小，因此 γ 设为零值。综上分析，本书提出了简化的能量方程：

$$\dot{q}''_{total} = \dot{q}''_r + \dot{q}''_c = \dot{m}'' \Delta H \tag{5-24}$$

对流热流强度和辐射热流强度分别表示为：

$$\dot{q}''_c = h(T_f - T_\infty) \tag{5-25}$$

$$\dot{q}''_r = \sigma \varepsilon (T_f^4 - T_\infty^4) \tag{5-26}$$

对流传热系数 h、发射率 ε 和试样的特征长度 L_c 之间的关系为：

$$h = C_h L_c^{3n-1} \tag{5-27}$$

$$\varepsilon = 1 - \exp(-\kappa_s L_c) \approx \kappa_s L_c \tag{5-28}$$

C_h 和 κ_s 与特征长度无关，进一步得到辐射热流强度和对流热流强度之间的比值：

$$\dot{q}''_r / \dot{q}''_c = \frac{\sigma \kappa_s L_c (T_f^4 - T_\infty^4)}{C_h L_c^{3n-1}(T_f - T_\infty)} = k_1 L_c^{2-3n} \tag{5-29}$$

其中，

$$k_1 = \frac{\sigma \kappa_s (T_f^4 - T_\infty^4)}{C_h (T_f - T_\infty)} \tag{5-30}$$

当气流为层流时，$n = 1/4$；当气流为湍流时，$n = 1/3$。因为系数 k_1 基本不随试样特征长度变化而变化，所以式（5-29）表明辐射热流与对流热流的比值随 L_c 增大而增大。该结论与 Hottle 和 Blinov 的研究结果一致，他们发现：当油池直径为 10~20 cm 时，火焰向油池的对流传热为主导因素，在此阶段质量损失速率基本保持不变；当油池直径为 20~100 cm 时，为辐射传热主导阶段，质量损失速率随直径增大稳定增长。

将式（5-26）和式（5-29）代入式（5-24）可得：

$$\dot{m}'' \approx \frac{\kappa_s \sigma (1 + k_1 L_c^{2-3n})}{k_1 L_c^{1-3n} \Delta H_g}(T_f^4 - T_\infty^4) \tag{5-31}$$

2. 总火焰高度和质量损失速率的关系

可通过两种不同的理论得到总火焰高度和质量损失速率的关系式,理论一定义为"池火卷吸理论",理论二定义为"贴壁火理论"。首先介绍池火卷吸理论,该理论认为火焰高度和燃烧中的空气卷吸有关,对于湍流火焰,假设空气卷吸量为燃烧所需空气量的 n 倍,那么燃料的质量损失速率可以表示为:

$$\dot{m} = \frac{\dot{m}_e Y_{O_2,\infty}}{nr} \tag{5-32}$$

其中,$\dot{m}_e$ 为卷吸空气的质量流率,$Y_{O_2,\infty}$ 为环境中氧气的质量分数,r 为氧气和燃料的化学计量比。

$\dot{m}_e$ 与燃料的特征长度 L_c 和总火焰高度 h_{total} 有关,其具体表达式为:

$$\frac{\dot{m}_e}{\rho_\infty \sqrt{g} L_c^{5/2}} = C_e \left(\frac{h_{total}}{L_c}\right)^{1/2} \left[1 + 2C_1 \left(\frac{h_{total}}{L_c}\right)\right]^2 \tag{5-33}$$

前人通过实验数据拟合发现式(5-32)中的 n 值为 9.6,式(5-33)中的 C_1 值为 0.179。

将式(5-32)代入式(5-33),可得总火焰高度的表达式如下所列:

当 $h_{total}/L_c > 0.1$ 时,总火焰高度与特征长度的比值可近似为:

$$\frac{h_{total}}{L_c} \approx 16.8 \frac{Q_D^{*2/5}}{[(\Delta h_c/s)/(c_p T_\infty)]^{3/5}(1-X_r)^{1/5}} - 1.67 \tag{5-34}$$

而当 $h_{total}/L_c < 0.1$ 时,总火焰高度与特征长度的比值可近似为:

$$\frac{h_{total}}{L_c} \approx 2.87 \times 10^4 \frac{Q_D^{*2}}{[(\Delta h_c/s)/(c_p T_\infty)]^3(1-X_r)} \tag{5-35}$$

其中,s 为空气和燃料的化学计量比,无量纲热释放速率 $\dot{Q}_D^* = \dot{m}\Delta h_c/(\rho_\infty c_p T_\infty \sqrt{g} L_c^{5/2})$。

由上述分析可知,特征长度恒定的情况下,总火焰高度和 $\dot{m}^{n_1}$ 呈线性关系,其中 n_1 值为 5/2 或 2。

上述为池火卷吸理论,也可运用贴壁火理论求取质量损失速率和总火焰高度之间的关系式,该理论认为燃料的质量损失速率可由下式求得:

$$\dot{m}' = f h_{total} \alpha \rho_\infty u_z \tag{5-36}$$

其中,$\dot{m}'$ 为单位宽度的质量损失速率,f 表示燃料和空气的化学计量比,α 表示卷吸气流的切向速度和竖直向上的速度之比,ρ_∞ 为空气的密度,u_z 为竖直向上的气流速度。

对于浮力羽流，竖直向上的气流速度可表示为：

$$u_z = \sqrt{h_{total} g} \tag{5-37}$$

其中，g 为重力加速度。将式(5-37)代入式(5-36)可得：

$$h_{total} = [\dot{m}'/(\rho_\infty \alpha f \sqrt{g})]^{2/3} \tag{5-38}$$

可见总火焰高度和 $\dot{m}'^{n_1}$ 符合线性关系，与池火卷吸理论不同的是，n_1 值为 2/3，进一步将总火焰高度和质量损失速率的关系式简化为：

$$h_{total} = k_2 \dot{m}'^{n_1} \tag{5-39}$$

至于哪一种理论适合本研究，将通过实验确定，通过实验结果拟合，也可确定 n_1 值和 k_2 值。

3. 无量纲隔离带高度和火焰热流的关系

国内外很多学者研究了无量纲隔离带高度和火焰热流之间的关系，Hasemi 利用多孔甲烷线性燃烧器产生火焰，后置隔热板，模拟竖直顺流火蔓延中的火焰，他的实验结果表明：当 $x/x_f > 0.7$ 时，$\dot{q}'' = 12.3(x/x_f)^{-2.5}$，其中 x_f 为火焰高度，x/x_f 为无量纲隔离带高度。Tsai 开展了不同宽度 PMMA 板的竖直顺流火蔓延实验，他的结论和 Hasemi 的结果一致。由于火蔓延行为的复杂性，在前人很多研究中，将火焰热流随空间的变化规律简化，以简化火蔓延模型，一般简化的方式是认为热解前锋和火焰顶端之间的区域内热流值恒定，该区域外热流值为零。但 Gollner 等发现实验结果和上述简化模型得到的预测结果相差较大，他们认为火焰热流随隔离带高度 x 呈幂函数变化：

$$\dot{q}'' = C/x^{1/3} \tag{5-40}$$

基于上述分析可知，火焰热流随高度的变化需要在模型中考虑，上述文献多数认为火焰热流和高度之间存在幂函数关系，在本研究中，火焰热流不仅受火焰高度影响，还受到隔离带高度影响，因此利用无量纲隔离带高度较为合理，另外，防火隔离带上边线处的热流值对隔离带上方材料的点燃至关重要，因此无量纲隔离带高度定义为 L_0/h_f，可得下式：

$$\dot{q}'' = k_3 (L_0/h_f)^{n_2}, h_f = h_{total} - L \tag{5-41}$$

其中，$\dot{q}''$ 为隔离带上边线处的热流值，k_3 为常数，式(5-41)有待实验验证，幂次值 n_2 和 k_3 值也需要通过实验数据拟合确定。

4. 预测模型

火焰对隔离带上方未燃材料的加热时间可由下式求得：

$$t_h = m/\dot{m} = \rho\delta/\dot{m}'' \tag{5-42}$$

基于第 4 章 PS 保温材料锥形量热仪的实验结果,得到点燃时间和热流之间符合以下关系式:

$$1/\sqrt{t_{ig}} = a + b\dot{q}'' \qquad (5-43)$$

其中,t_{ig} 为点燃时间,a 和 b 的值可通过锥形量热仪测试数据拟合得到。

最终得到预测 PS 保温材料火焰能否越过防火隔离带蔓延至上方的模型:

(1) 当加热时间短于点燃时间,即 $1/\sqrt{t_h} > a + b\dot{q}''$ 时,火焰不能蔓延至隔离带上方,防火隔离带有效;

(2) 当加热时间等于点燃时间,即 $1/\sqrt{t_h} = a + b\dot{q}''$ 时,为临界条件;

(3) 当加热时间长于点燃时间,即 $1/\sqrt{t_h} < a + b\dot{q}''$ 时,火焰能够蔓延至隔离带上方,防火隔离带失效。

由该模型还可推测:$1/\sqrt{t_h}$ 和 $1/\sqrt{t_{ig}}$ 差值越大,防火隔离带上方 PS 保温材料的火灾安全性越好。

如果"贴壁火理论"适用于本书,综合上述方程可推导出 $\dot{q}''$ 和 t_h 的表达式:

$$\dot{q}'' \approx \frac{k_3 L_0^{n2}}{\{k_2[L\kappa_s\sigma(1+k_1L_c^{2-3n})(T_f^4 - T_\infty^4)/(k_1L_c^{1-3n}\Delta H_g)]^{n1} - L\}^{n2}}$$
$$(5-44)$$

$$t_h \approx \frac{\rho\delta k_1 L_c^{1-3n}\Delta H_g}{\kappa_s\sigma(1+k_1L_c^{2-3n})(T_f^4 - T_\infty^4)} \qquad (5-45)$$

5.3.3　防火隔离带影响下 PS 保温材料竖直顺流火蔓延实验

5.3.3.1　实验系统和方法

实验系统主视图、俯视图和左视图如图 5-14 所示,可见实验系统包括 PS 保温材料试样、石膏板、侧边遮挡板、防火隔离带、电子天平、K 型热电偶、热流计、数码摄像机和红外热像仪。PS 保温材料试样固定于防火隔离带的上下两侧,上侧材料长度为 30 cm,下侧材料长度随工况不同而变化,详见表 5-3。材料宽度为 10 cm,厚度为 3 cm,所测试样全部为非阻燃材料。支架和石膏板竖直放置,侧边遮挡板和防火隔离带的材质都为泡沫玻璃,侧边遮挡板厚度也为 3 cm,与材料表面齐平。防火隔离带与材料等宽等厚,其高度也列于表 5-3 中。其他测量仪器的参数已在第 3 章详述,其中用到 K 型热电偶 7 支,1 支布置于隔离带下方 1 cm 处,其他 6 支布置于防火隔离带上方 2 cm 处(略高于热流计),从纵向分布来看,材料内部(距表面 1 cm)和材料表面各布置 1 根 K 型热电偶,其他 4 根等距布置,间距是 1 cm,如俯视图和左视图所示,由这 6 根 K 型热电偶可以得到纵切面的温度场。热流计布置于隔离带上方,部分嵌入隔离带,用于测量隔离带下方火焰对上方材料的传热。数码摄像机和红外热像仪安置在材料的正前方，分别记录整个火蔓延过程和温度场的动态变化。

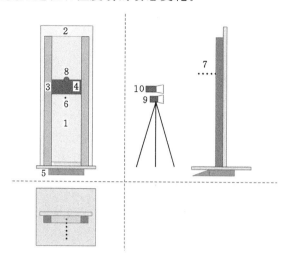

图 5-14　防火隔离带作用下 PS 保温材料火蔓延实验系统简图

1——PS 保温材料试样；2——石膏板；3——侧边遮挡板；4——防火隔离带；5——电子天平；

6——K 型热电偶；7——热电偶序列；8——热流计；9——数码摄像机；10——红外热像仪

表 5-3　　　　　　　　　　　实验工况表[a]

试样长度 L/cm		30	35	40	45	50	60	70
隔离带高度 L_0/cm	XPS	5	5	7	7	7	10	10
	EPS	3	3	3	5	5	5	5

注：[a] 在下文中，工况名称将简化为"材料-L-L_0"，如"XPS-30-5"。

5.3.3.2　与模型相关的实验结果

1. 特征长度和辐射对流比的关系

对于竖直顺流火蔓延，前人研究表明传热模式以辐射传热为主，但是辐射热流强度和对流热流强度的比值（简称辐射对流比）及其随燃烧区特征长度的变化规律却鲜有研究，本书在此处进行了探讨。由 5.3.2 节的式（5-29）可知：$\dot{q}''_r/\dot{q}''_c \simeq L_c^{2-3n}$，瑞利数 Ra 可用于判定 n 值，其表达式如下：

$$Ra = Gr_L Pr = \frac{g\beta(T_f - T_p)L_c^3}{\nu_g \alpha_g} \qquad (5-46)$$

其中，β 为体积膨胀系数，ν_g 和 α_g 分别为气体的运动黏度和导温系数，将实验数据带入上式可得 $Ra > 10^9$，因此气流为湍流，则 $n = 1/3$，$\dot{q}''_r/\dot{q}''_c \simeq L_c$。

接下来分析实验结果,由于直接利用热流计测量火焰对燃烧区热反馈难以实现,本书采用实验和理论计算相结合的方法,先测得火焰的基本物理参数值,如温度,然后利用式(5-26)计算出辐射热流,实验测得燃烧质量损失速率,代入式(5-24)求得对流热流强度,进一步得到辐射对流比,如图 5-15 所示,可以看到辐射对流比随燃烧区特征长度的增长而增大,进行线性拟合,拟合结果良好,基本和上文理论分析相符,所不同的是,理论分析表明直线截距为零,而实验结果并非如此,原因可能是理论分析中对发射率的计算进行了简化。另外,对于相同特征长度的 XPS 和 EPS,XPS 的辐射对流比较高,原因是燃烧过程中 XPS 产生的烟尘浓度明显大于 EPS,即产生的炭颗粒数目较多,造成其火焰发射率较高,因此辐射对流比较高。图 5-15 中还列出了模型中的 k_1 值,对于 XPS,$k_1 \approx 0.095\ 5$,对于 EPS,$k_1 \approx 0.078\ 9$。

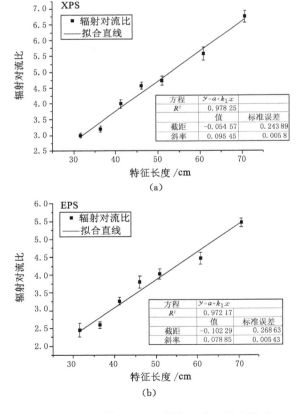

图 5-15　辐射对流比与燃烧区特征长度关系

2. 总火焰高度和质量损失速率关系

在 5.3.2 节建模和理论分析过程中,基于不同的理论得到了质量损失速率和总火焰高度的幂函数关系,因此需要通过实验结果验证并选择出适合 PS 保温材料的理论,并确定幂次值。图 5-16 绘出了总火焰高度随单位宽度质量损失速率的变化曲线,需要提到的是,质量损失速率和火焰高度都随时间变化,因此图中列出的是其平均值,利用幂函数对该曲线进行拟合,发现对于 XPS,幂次值(即 n_1)为 0.705,对于 EPS,幂次值约为 0.615,这与"贴壁火理论"中的 2/3 接近,因此判定该理论适用于本研究。另外还得到 k_2 值,对于 XPS,$k_2 \approx 680.708$,对于 EPS,$k_2 \approx 660.242$。

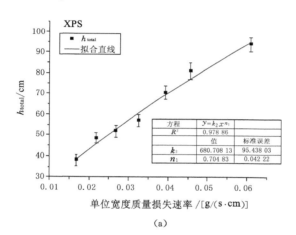

(a)

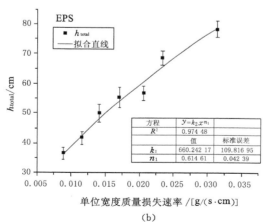

(b)

图 5-16　总火焰高度随单位宽度质量损失速率变化规律

3. 总火焰高度 h_{total}、超过隔离带下边线的火焰高度 h_f 和防火隔离带高度 L_0

图 5-17 中列出了总火焰高度 h_{total} 和超过隔离带下边线的火焰高度 h_f，图中也绘出了隔离带高度 L_0，可以看到，隔离带高度不变时，随下方保温材料特征长度的增大，总火焰高度也呈增长趋势。

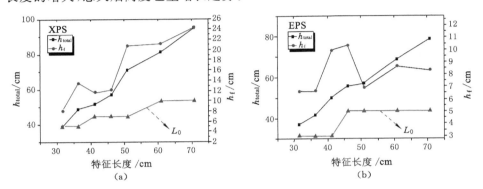

图 5-17　不同特征长度对应的火焰高度和防火隔离带高度

4. 无量纲隔离带高度和火焰热流强度关系

由 5.3.2 节的建模及理论分析可知，防火隔离带上边线处的热流强度与无量纲隔离带高度（即 L_0/h_f）呈幂函数关系，此处将通过实验结果验证该理论，并确定具体的幂次值。将实验得到的无量纲隔离带高度对应的热流强度示于图 5-18 中，可见：随着无量纲隔离带高度的增大，热流强度呈减小趋势，利用幂函数对实验值进行拟合，拟合结果良好（$R^2 \approx 0.967$），对于 XPS，幂次值 n_2 约为 -0.608，对于 EPS，幂次值 n_2 为 -0.821，即 $-1 < n_2 < 0$。实验结果和理论分析符合良好。另外，可以看到 XPS 的幂次值较大，说明相对于 EPS，从 XPS 火焰根部到顶部，热流强度的衰减率较小，原因可能是 XPS 材料密度大，对应的质量损失速率较高，产生热量较多，因此热流强度随距离的衰减较弱。通过拟合还得到模型中的 k_3 值，对于 XPS，$k_3 \approx 13.727$，对于 EPS，$k_3 \approx 12.170$。

5. 预测结果和实验结果对比

由理论分析可知，火焰能否蔓延至隔离带上部由两个因素决定：防火隔离带上边线的热流强度（$\dot{q}''$）和加热时间（t_h），实际上这可以归结为材料的点燃问题，由 4.3.1.2 节的分析可知，外加热流强度和点燃时间的平方根的倒数呈线性关系：$1/\sqrt{t_{ig}} = a + b\dot{q}''$，通过锥形量热仪实验可得到两者的拟合直线，示于图 5-19 中，该直线可以看作临界点燃边界线，$\dot{q}''$ 和 t_h 的值可分别通过式（5-44）和式（5-45）预测

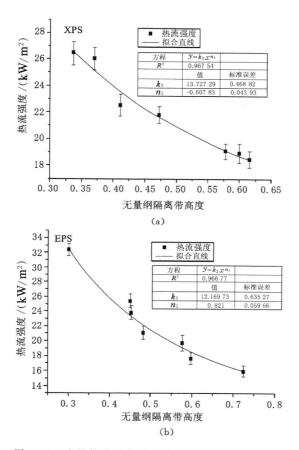

图 5-18　火焰热流强度随无量纲隔离带高度的变化规律

得到，由模型可知，当 $1/\sqrt{t_h} < a + b\dot{q}''$，即预测点落于临界点燃边界线下方，那么防火隔离带上方材料将被点燃，火焰会蔓延上去；反之，当 $1/\sqrt{t_h} > a + b\dot{q}''$，即预测点落于临界点燃边界线上方，火焰就不会蔓延上去。将 $\dot{q}''$ 和 t_h 的预测值示于图 5-19 中，根据以上分析，可推测对于以下工况：XPS-30-5、XPS-40-7、XPS-45-7、XPS-60-10、XPS-70-10、EPS-30-3、EPS-45-5、EPS-50-5、EPS-60-5 和 EPS-70-5，火焰将不能越过防火隔离带蔓延至上方，对比实验结果，发现对于大部分的实验工况，预测结果和实验结果相符，但对于工况 XPS-35-5 和 EPS-35-3，预测结果和实验结果相反。造成上述现象的原因可能是，在锥形量热仪实验中，外加辐射热流强度相对稳定，然而在本研究中，由于火焰的震荡，火焰传至隔离带上方未燃区的热流存在波动，而且，加热面积也不稳定，从而造成了预测偏差。

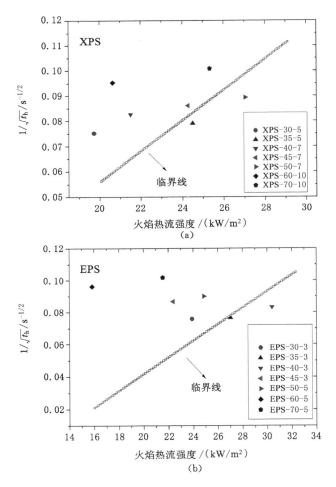

图 5-19 加热时间平方根的倒数与火焰热流的关系

5.4 本章小结

为研究试样宽度、倾斜角度和防火隔离带对 PS 保温材料竖直顺流火蔓延的影响，进行了建模工作，并开展了相关实验，通过实验得到火蔓延特性参数，包括火焰形态、质量损失速度、预热区长度和火蔓延速度，深入分析了上述因素对火蔓延特性参数的影响，并比较了实验结果和模型预测结果。本章所得结论如下所示：

（1）关于宽度和倾斜角度的影响的实验结论。

无量纲表面火焰高度与试样宽度（W）呈幂函数关系，幂值为 $-n$ 且 $0.7 < n < 1$。随倾斜角度的增长，表面火焰高度先升后降，而最大宽度和最小宽度对应的表面火焰高度的差值随之减小。

EPS的火蔓延速度和倾斜角度呈非线性关系：$v_f = c e^{-p \sin^q(\theta/2)}$。XPS的预热区长度（$\delta_{ph}$）随宽度和倾斜角度的变化规律与火蔓延速度的变化规律相一致，而对于低压环境（高原地区）中的EPS，发现 v_f/W 和 δ_{ph}/W 符合线性关系。常压环境（平原地区）中测得的表面火焰高度、火蔓延速度和预热区长度均大于低压环境的。

（2）关于防火隔离带的实验结论。

辐射对流比随燃烧区特征长度的增大而线性增长。总火焰高度和单位宽度质量损失速率呈幂函数关系，幂值为 n_1（XPS：$n_1 \approx 0.705$，EPS：$n_1 \approx 0.615$）。无量纲隔离带高度和热流强度也呈幂函数关系，幂值为 n_2（XPS：$n_2 \approx -0.608$，EPS：$n_2 = -0.821$）。XPS的辐射对流比、幂值 n_1 和 n_2 均高于EPS的。

（3）实验结果和预测结果比较。

实验结果表明，当倾斜角度较小时，火蔓延速度随试样宽度增大先减后增，但倾斜角度较大时，火蔓延速度随试样宽度增大先增后减。倾斜角度为15°和30°时，低压地区火蔓延速度随宽度的变化趋势与常压地区正好相反。建立了耦合宽度、倾斜角度和熔融流动的PS保温材料顺流火蔓延模型，此模型可以合理解释上述火蔓延速度的变化趋势。

本节还研究了防火隔离带对PS保温材料竖直顺流火蔓延的影响，发现热流强度和加热时间是决定火焰能否越过隔离带蔓延上去的关键因素，建立了数学模型，对一定材料特征长度和隔离带高度工况下，火焰能否越过隔离带蔓延至上方进行了预测。对于大部分工况，预测结果和实验结果相符。

第6章 XPS外墙保温材料竖直逆流火蔓延行为研究

6.1 引言

  竖直逆流火蔓延是指火蔓延方向和气流方向相反,一般情况下,竖直逆流火蔓延的危险性要低于竖直顺流火蔓延的危险性,然而对于XPS外墙保温材料,其逆流蔓延火灾危险性也不可轻视。另外,从火灾安全研究系统性角度来看,竖直逆流火蔓延和竖直顺流火蔓延同等重要,因此有必要对其进行深入全面的研究。

  XPS保温材料的竖直逆流火蔓延受多种因素影响,前人的研究多是针对单一参数,即使涉及多个参数,也未研究其耦合作用。本章将通过实验研究深入分析不同环境下试样宽度、厚度和边墙结构对竖直逆流火蔓延的影响,最后建立耦合上述影响因素的火蔓延模型,并验证其可靠性。

6.2 平原地区试样宽度和边墙结构对XPS竖直逆流火蔓延的影响

6.2.1 概述

  通过第1章的文献调研可知,关于XPS的竖直逆流火蔓延研究较少,对于宽度效应和其中机理的认识还未达成共识,而且关于外墙结构对XPS竖直逆流火蔓延的影响研究还远远不够。现代建筑中,边墙结构十分常见,如图6-1(a)所示。当高层建筑发生火灾时,该结构会对火灾发展产生显著影响,如2010年10月发生于韩国某高层公寓的火灾[图6-1(b)],起火部位为公寓4楼,大火点燃了公寓背面的外墙,而公寓外墙为边墙结构,在该结构的影响下,火势迅速向上蔓延至楼顶,造成多人受伤,经济损失严重,因此边墙结构作用下的火蔓延行为值得深入研究。李建涛等研究了聚氨酯泡沫(热固性保温材料)在边墙结构影响下的竖直顺流火蔓延行为。实验中边墙和底墙都由聚氨酯构成,研究发现该结构下,火蔓延非稳态,为加速蔓延,随着结构因子(边墙宽度和底墙宽度之比)的增大,质量损失速度增大,平均火蔓延速度升高,他们将上述现象归因于边墙结构产生的烟囱效应。Tsai 分别研究了两可燃平面呈 90°放置及平行放置这两种结构情况下的竖直向上的火蔓延行为,实验结果表明,结构变化对火蔓延高度的影响较为显著,但火焰向未燃区的热反馈却变化不大,90°放置时火蔓延速度较高,研究还发现单平面的火蔓延实验可用于预测两平面平行放置时的火蔓延行为。除此之外,Hu 等还实验研究了边墙作用下通风单室的火溢流行为,研究发现当无量纲热释放速率 $\dot{Q}_{ex}^{*} \leqslant 1.3$ 时,火焰高度随边墙距离的减小变化不大,此时正面的空气卷吸为主控因素,侧面空气卷吸的影响较弱;当 $\dot{Q}_{ex}^{*} > 1.3$ 时,火焰高度随边墙距离的减小显著升高,此时正面和侧面的空气卷吸均为主控因素。可见,前人关于边墙结构的研究基本为实验研究,还未建立相关的数学模型,关于边墙结构对火蔓延的影响机制,前人的研究还未统一。

(a)　　　　　　　　　(b)

图 6-1　边墙外观图

在本章中,将开展一系列 XPS 竖直逆流火蔓延的实验,分析比较不同试样宽度、有边墙和无边墙工况下的火蔓延特性规律,进一步得到宽度和边墙结构对竖直逆流火蔓延的影响机制。

6.2.2　实验系统和方法

如图 6-2 所示,实验系统包括石膏板、XPS 试样、数码摄像机、红外热像仪、计算机、热电偶、数据采集仪和电子天平。对于无边墙的实验工况,应用两台摄像机,其中一台布置在试样正前方,另一台布置在试样侧边附近;对于有边墙的实验工况,只需布置正前方的摄像机。K 型热电偶用于测量温度数据,其中 6 根热电偶布置于材料表面,其高度如图 6-2 所示,测点一半嵌入材料,用于测量表面温度,另外 2 根热电偶插入材料内部,布置于 XPS 中轴线上,距离材料表面2 cm,其高度和表面热电偶一致,用于测量固相温度变化。电子天平用于记录实验中试样质量的变化。

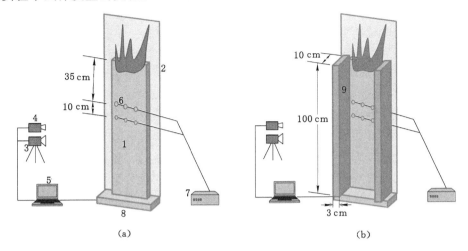

图 6-2　实验系统简图

(a) 无边墙；(b) 有边墙

1——XPS 试样；2——石膏板；3——数码摄像机；4——红外热像仪；5——计算机；
6——热电偶序列；7——数据采集仪；8——电子天平；9——边墙

实验在平原地区（合肥）开展，所用 XPS 和第 4 章所用试样相同，试样宽度为 4 cm、8 cm、12 cm 和 16 cm，实验分别在有边墙和无边墙两种工况下进行，无边墙时试样侧边无遮挡，有边墙时，边墙材料为泡沫玻璃，其保温性能良好，其宽度、高度和厚度分别为 10 cm、100 cm 和 3 cm。实验时用线性点火器点燃材料顶部，每次实验重复 3 次以降低实验误差。

6.2.3　结果和讨论

6.2.3.1　试样宽度影响

1. 火焰形态

不同工况下的火焰形态如图 6-3 所示，可见，随试样宽度增加，火焰形态变得更加不规则，这表明较宽试样的空气卷吸更加剧烈。当边墙存在时，发现最大火焰高度出现在边墙附近，在 Tsai 的研究中也观察到类似现象。

XPS 的侧面火焰形态如图 6-3（c）所示，可观察到燃烧区分为两部分：表面火焰和黏附火焰。表面火焰由材料横截面熔融、热解和点燃产生；火蔓延过程中，会有部分熔融 XPS 黏附在壁面上，该部分材料的燃烧形成黏附火焰。图 6-4 中列出了火焰前锋的形态，可观察到有边墙和无边墙两种工况下，火焰前锋基本为水平,有边墙时,表面火焰更贴近壁面,且燃烧强度较弱。

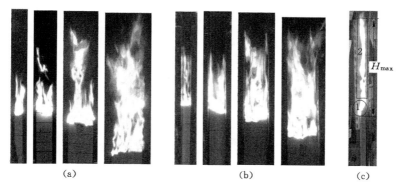

图 6-3　不同宽度下的火焰形态

（a）无边墙；（b）有边墙；（c）侧视图

1——表面火焰；2——黏附火焰

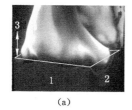
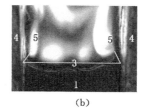

图 6-4　典型火焰前锋形态（试样宽度：4 cm）

（a）无边墙；（b）有边墙

1——试样表面正面；2——试样表面侧面；3——横截面；4——边墙；5——试样厚度方向的火焰

2. 平均火焰高度

本研究中定义火焰高度为火焰顶端和火焰前锋之间的垂直距离,如图 6-3(c)所示。利用第 3 章所述的图像处理方法可得不同时刻的火焰高度值,因火焰高度随时间变化,本节引入平均火焰高度。目前获取平均火焰高度有多种方法,其中间歇率函数较为常用,该方法引入一个间歇率函数 $F(z)$,代表瞬时火焰高度为 z 的概率,当 $F(z)=50\%$ 时,$z=H$,其中 H 即为平均火焰高度,通过该方法求得的平均火焰高度列于图 6-5 中。

如图 6-5 所示,在有边墙和无边墙两种情况下,H 均随试样宽度(W)的增大而增大,该现象可归因于质量损失速率随宽度增大,较高的质量损失速率意味着更多的热解气体释放和更多的卷吸空气参与燃烧,造成火焰体积乃至火焰高度的增长。进一步求得单位宽度的质量损失速率($\dot{m}/W$),并列于表 6-1 中,表 6-1 表明单位宽

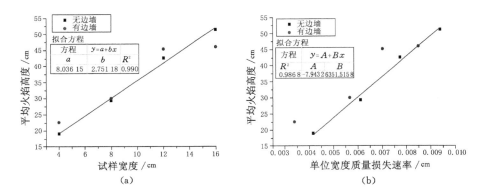

图 6-5　平均火焰高度随试样宽度和单位宽度质量损失速率的变化

（a）平均火焰高度随试样宽度的变化；（b）平均火焰高度随单位宽度质量损失速率的变化

度质量损失速率随试样宽度增大而增大，这验证了上述分析的合理性。

表 6-1　　　　　　　　　不同工况下的单位宽度质量损失速率

试样宽度	4 cm	8 cm	12 cm	16 cm
无边墙	0.004 15	0.006 14	0.007 71	0.009 41
有边墙	0.003 38	0.005 64	0.006 99	0.008 48

　　进一步发现无边墙时 H 和 W 之间存在线性关系，如图 6-5（a）所示。通过直线拟合，发现平均火焰高度和单位宽度的质量损失速率之间也存在线性关系 ［图 6-5（b）］，该关系式不同于竖直顺流火蔓延时两者的关系式，对于竖直顺流火蔓延，前人发现 H 和 $\dot{m}/W$ 呈幂函数关系：

$$H = a\left[\dot{m}h_c/(W\rho_\infty c_p T_\infty \sqrt{g})\right]^{2/3} \tag{6-1}$$

其中，h_c 为材料的燃烧热。

　　然而，有边墙时 H 和 W 之间以及 H 和 $\dot{m}/W$ 之间未发现线性关系。

3. 平均火焰面积

本研究中，火焰面积也通过图像处理方法得到，火焰面积随时间变化，因此引入平均火焰面积（A），为有效比较不同宽度下的平均火焰面积，计算得到单位宽度的平均火焰面积（A/W），将结果列于图 6-6 中。

　　由图 6-6 可知，无边墙时，A/W 随宽度或单位宽度质量损失速率的变化趋势与 H 的变化趋势相似，即 A/W 分别与 W 和 $\dot{m}/W$ 呈线性关系；有边墙时，A/W 随宽度或单位宽度质量损失速率的增长先增后减。

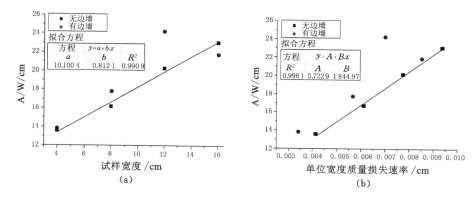

图 6-6　*A/W* 随宽度和单位宽度质量损失速率的变化

（a）*A/W* 随宽度的变化；（b）*A/W* 随单位宽度质量损失速率的变化

4. 火蔓延速度

　　火蔓延速度定义为火焰前锋相对材料表面的移动速度,火焰前锋位置(即火蔓延距离)也由图像处理方法得到,为避免点燃对火蔓延的影响,蔓延 10 cm 之后才开始记录火焰前锋的位置,火蔓延的最后阶段,底部有池火形成,为消除池火对火蔓延的影响,当蔓延至 70 cm 时,结束实验记录。火焰前锋位置随时间的变化曲线如图 6-7 所示。

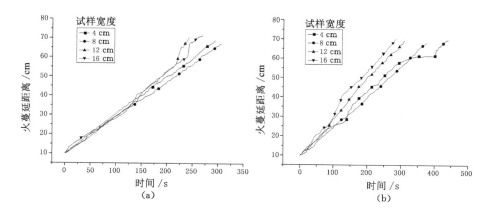

图 6-7　不同工况下火蔓延距离随时间的变化曲线

（a）无边墙；（b）有边墙

　　无边墙情况下,可以观察到较窄试样(4 cm 和 8 cm)的火蔓延距离随时间基本呈线性增长,虽然有波动,但不明显,这意味着火蔓延速度基本是恒定的。

当试样变宽后,开始阶段火蔓延距离基本成线性增长,测试结束前,直线的斜率明显增大,这表明火蔓延出现加速现象,该现象可能是由熔融 XPS 向下流动造成。

有边墙情况下,4 cm 宽的试样实验中出现了火蔓延的减速甚至停滞现象。对于 8 cm 和 12 cm 宽的试样,火蔓延距离随时间基本成线性变化,表明火蔓延速度基本恒定。试样宽度达到 16 cm 后,出现了火蔓延加速现象。

对图 6-7 中曲线求导可得不同工况下的火蔓延速度,上文提到某些情况下,火蔓延速度非恒定,因此本书求取平均火蔓延速度以做进一步分析,结果如图 6-8 所示。

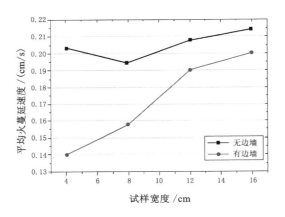

图 6-8　不同工况下的平均火蔓延速度

由图 6-8 可得:无边墙时,平均火蔓延速度随试样宽度增大先减后增(定义为趋势Ⅰ),但变化不显著;有边墙时,平均火蔓延速度随试样宽度增大而增大(定义为趋势Ⅱ),此变化较为显著。

趋势Ⅰ可通过传热理论解释,火蔓延速度由燃烧区向未燃材料的传热决定,传热分为固相传热($\dot{q}''_{\text{cond}}$)和气相传热($\dot{q}''_{\text{g}}$),Zhang 等提出,XPS 的热导率很小,固相传热可以忽略不计,然而,熔融 XPS 的热导率要明显高于 XPS 的热导率,而且竖直逆流火蔓延中,熔融 XPS 直接覆盖于未燃材料上方,因此本书认为固相传热不可忽略。预热区长度可通过表面温度计算得到,计算公式为:

$$\delta_{\text{ph}} = \frac{T_{\text{ig}} - T_{\infty}}{\mid \mathrm{d}T_{\text{s}}/\mathrm{d}x \mid_{\text{max}}} \tag{6-2}$$

该公式是基于热薄型材料建立,而热薄型材料火蔓延中的主要传热模式为气相传热,因此可知由该公式求得的预热区长度和气相热流正相关,对于热厚型材料，T_s 是由表面热电偶测得，其测温受固相传热影响较小，因此 $\mathrm{d}T_s/\mathrm{d}x$ 也主要由气相热流决定，由式（6-2）计算得到的 δ_{ph} 仍和气相传热正相关。本书计算 δ_{ph} 的目的是间接得到气相传热随试样宽度的变化规律。实验测得的典型表面温度曲线和固相温度曲线列于图 6-9（a）中，对曲线进行一阶求导可得温度梯度，进一步可得到预热区长度 δ_{ph}，实验中用到多根表面热电偶，每根热电偶对应一个 δ_{ph} 值，求取平均值并示于图 6-9（b）中。

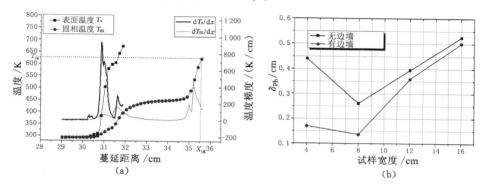

图 6-9　温度及其梯度随蔓延距离的变化和预热区长度随试样宽度的变化

（a）表面和固相温度及其梯度随蔓延距离的变化（试样宽度：4 cm，无边墙）；

（b）预热区长度随试样宽度的变化

由图 6-9（b）可得，预热区长度随试样宽度的增大先减后增，这表明气相传热也有相似趋势，该趋势和火蔓延速度趋势 I 一致，这意味着气相传热可能是决定火蔓延速度的主要因素，该结论与 Chen 等和 Blasi 的研究结果一致。

虽然固相传热不是主导因素，其也会对火蔓延速度产生影响，固相热流可由下式求得：

$$\dot{q}''_{\mathrm{cond}} = \lambda_{\mathrm{m}} \frac{\partial T_{\mathrm{m}}}{\partial x}\bigg|_{x=x_{\mathrm{ig}}} \qquad (6\text{-}3)$$

其中，x_{ig} 表示点燃温度对应的火蔓延距离，基于固相温度变化，可得不同工况下的固相热流值，结果列于表 6-2 中。

表 6-2　　　　　　　　　　　　不同工况下的固相热流

试样宽度/cm	4	8	12	16
无边墙	$143.05\lambda_{\mathrm{m}}$	$158.74\lambda_{\mathrm{m}}$	$144.58\lambda_{\mathrm{m}}$	$138.15\lambda_{\mathrm{m}}$
有边墙	$94.26\lambda_{\mathrm{m}}$	$112.20\lambda_{\mathrm{m}}$	$127.14\lambda_{\mathrm{m}}$	$132.84\lambda_{\mathrm{m}}$

如表 6-2 所列，无边墙时，固相热流随试样宽度增大先增后减，和气相热流

的变化趋势相反,可推测固相传热和气相传热对火蔓延速度变化趋势的影响是相抵的,这就造成了火蔓延速度随宽度的变化不显著。

边墙存在时,预热区长度随宽度的变化趋势和火蔓延速度的趋势Ⅱ不一致[图 6-9(b)],这表明气相传热可能不是决定火蔓延速度的主导因素,而由表 6-2 可知,火蔓延速度的趋势Ⅱ和固相热流的变化趋势一致,这说明固相传热决定了火蔓延速度。

6.2.3.2　边墙效应

效应Ⅰ:边墙效应Ⅰ和侧边效应有相似之处,侧边效应是指侧边被遮挡和无遮挡两种工况下燃烧和火蔓延行为的差异,前人对侧边效应已进行了一些研究,在这些研究中,遮挡物的厚度和试样厚度齐平,试样为热薄型材料,然而在本研究中,XPS 试样为热厚型材料,边墙宽度大于试样厚度,形成凹型结构,这使得边墙效应和侧边效应又有不同之处。当边墙存在时,侧边空气卷吸和氧气供应受到限制,可以推测侧边附近的氧气浓度较低,这与 Comas 和 Pujol 的结论是一致的。Tewarson 等研究证明质量损失速率会随氧气浓度的减小而降低,氧气浓度减小还会引起火焰对流传热和辐射传热的减弱,而且供氧不足会引起火焰温度和燃烧化学反应速率的降低,上述各因素造成燃烧效率降低,进而使得火焰向未燃区的传热减少,这和 Mell 等的研究结果一致,该结论也可解释有边墙工况下气相传热非主导因素的现象。总之,可以认为边墙效应Ⅰ为强化的侧边效应。

效应Ⅱ:边墙的存在一定程度上影响了卷吸气流的方向和强度,无边墙和有边墙时的气流方向如图 6-10 所示,因侧边卷吸受到限制,竖直向上的气流将得到强化[图 6-10(a)],以补偿卷吸量,而且边墙形成的凹型结构会产生烟囱效应,这也将促进气体向上流动。Williams 提出一个关于无量纲火焰高度的公式:

$$\frac{H}{W} \propto \frac{u_0 W}{D_e} \tag{6-4}$$

其中,u_0 为气体燃料向上的流动速度,D_e 为有效扩散系数。竖直向上的卷吸气流得到强化后,u_0 也随之变大,而火焰高度 H 和 u_0 正相关,因此边墙效应Ⅱ使得火焰拉伸。

效应Ⅲ:如图 6-10(b)所示,侧边卷吸被限制后,卷吸也会在正面得到补偿,因此正面气流也会得到强化,在强化的正面气流作用下,材料横截面上产生的热解气体更多地流动至后壁,因此,作为影响火蔓延的重要因素的表面火焰随之弱化,这一点在图 6-4 中也可以观察到,表面火焰的弱化引起预热区长度的缩短,这正是有边墙时预热区长度小于无边墙的原因之一(图 6-9)。此外,表面火焰是气相传热的主要热源,其弱化也会导致有边墙时气相传热不再是决定火蔓延速度的主导因素。

效应Ⅳ：随着正面气流的强化，可推测火焰更加贴壁，在实验中也观察到该现象，黏附在后壁上的 XPS，在贴壁火焰的作用下，接收到更多热量，燃烧化学反应速率更高。另外，火焰在边墙效应Ⅱ作用下得到拉伸，这将点燃更高处的熔融物，使得燃烧面积扩大。综上，边墙效应Ⅳ导致熔融物消耗较多，积累较少，因此向下流动的可能性也随之减小。如上所述，固相传热通过熔融 XPS 实现，边墙效应Ⅳ使得熔融物减少，可推测有边墙时的固相热流小于无边墙的情况，此预测和表 6-2 中的实验结果一致。

上述为边墙效应的四个方面，另外，本研究中边墙宽度恒定，因此对于较宽试样，边墙效应并不显著，原因如下：上述关于边墙效应的分析，是基于侧边空气卷吸被遮挡的观点，然而对于较宽试样，空气卷吸也会发生在斜侧边［图 6-10（b）中的 3］，其效果相当于侧边也有部分空气卷吸，因此边墙效应被弱化。据此也可以推测，当试样宽度恒定，边墙宽度减小时，边墙效应同样会被弱化，此预测和 Yan 等的结论一致，他们还发现试样宽度不变，当边墙宽度增至一定值后，边墙效应的显著程度基本不再受边墙宽度影响。

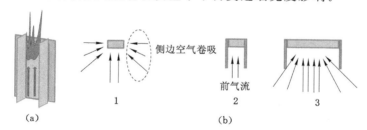

图 6-10　XPS 火蔓延中空气卷吸及气流方向

（a）侧视图；（b）俯视图

1——无边墙；2——有边墙工况下较窄试样；3——有边墙工况下较宽试样

上文边墙效应的四个方面将用于解释有边墙和无边墙两种工况下实验现象的差异。

由表 6-1 可知，无边墙时的 $\dot{m}$ 值高于有边墙的情况，侧边效应、边墙效应Ⅰ和Ⅱ是该现象的内在原因。无边墙时，侧边未被遮挡，火焰向未燃区的传热量大于有边墙的情况，此为侧边效应，边墙存在时，边墙效应Ⅰ和Ⅲ都会引起火焰热流的弱化，而质量损失速率主要由火焰向未燃区的传热决定，因此无边墙时 $\dot{m}$ 值更大。

由图 6-5（a）可知，当 XPS 试样较窄（4 cm、8 cm、12 cm）时，有边墙时的 H 值高于无边墙的情况，但当试样较宽（16 cm）时，结果正好相反。该现象和 Tsai 的实验结果不同，在其所有实验工况中（PMMA 宽度：10 cm、20 cm、30 cm、

50 cm和70 cm),他观察到有边墙时的火焰高度大于无边墙的情况。本研究现象可归因于边墙效应Ⅱ和Ⅰ的竞争机制。对于较窄试样,边墙效应Ⅱ较显著,比边墙效应Ⅰ更具主导作用,因此有边墙时 H 值较大,随着试样宽度的增大,边墙效应Ⅱ弱化,边墙效应Ⅰ相对显著,而边墙效应Ⅰ会引起质量损失速率的降低,从而降低火焰高度,因此无边墙时 H 值较大。上述分析表明边墙存在时,试样宽度并不是影响火焰高度的唯一因素,因此从图 6-5(a)中可以看到 H 和 W 成非线性关系。另外,由图 6-6(a)可知,对于较窄试样,有边墙时的 A/W 高于无边墙的情况,而对于较宽试样,结果正好相反,有边墙时 A/W 和 W 也成非线性关系,这些现象的原因与造成火焰高度变化趋势的原因一致。

由图 6-7 可以观察到,和无边墙工况相比,有边墙时火蔓延加速现象发生在较宽试样的测试中,火蔓延加速现象可能由熔融 XPS 的向下流动造成,而边墙效应Ⅳ使得熔融物积累减少,向下流动的可能性降低,因此 12 cm 宽的试样有边墙时并未出现蔓延加速现象,随着试样宽度的进一步增大(增至 16 cm),边墙效应Ⅳ减弱,才出现蔓延加速现象。

图 6-8 表明无边墙时的火蔓延速度高于有边墙的工况,该结果和 Tsai 关于 PMMA 竖直顺流火蔓延的结论有不同之处,该结果应归因于边墙效应和侧边效应。如上文所述,边墙效应Ⅰ使得火焰向未燃区传热减少,边墙效应Ⅲ使得表面火焰弱化,边墙效应Ⅳ造成熔融 XPS 减少,上文还提到,有边墙时的固相传热和气相传热小于无边墙的工况,这些因素均造成有边墙时的火蔓延速度较低。至于侧边效应,Comas 和 Pujol 曾指出侧边无遮挡时,侧边供氧使得火蔓延速度较高,Kumar 针对逆流火蔓延开展了数值模拟研究,发现传热的增加导致侧边无遮挡时的火蔓延速度更高,而且,本研究发现,侧边无遮挡时,熔融 XPS 可能从侧边流下,从而加速火蔓延,这也可看作侧边效应的一个方面。

6.3　高原地区试样宽度和边墙结构对 XPS 竖直逆流火蔓延的影响

6.3.1　概述

本节在高原地区(拉萨)开展实验研究 XPS 试样在不同宽度和不同边墙结构下的竖直逆流火蔓延行为。实验系统和方法基本和 6.2 节相同,实验测量了火焰形态、火焰高度、气-固相温度和火蔓延速度等火蔓延特性参数,将此结果和平原地区(合肥)的实验数据进行对比分析,最终得到试样宽度、边墙结构和环境压力对 XPS 竖直逆流火蔓延的耦合影响规律,并揭示了内在的传热机制。

6.3.2　结果和讨论

6.3.2.1　火焰形态

图 6-11 为不同宽度试样的火焰形态的正视图。对于无边墙的试样,最大火焰高度出现在材料中心线位置附近;对于有边墙的试样,最大火焰高度出现在靠近侧边位置。这与平原地区的实验结果一致。所有试样的火焰前锋大致为水平,此现象与 Gong 的结果不同,Gong 研究了 PMMA 试样的逆流火蔓延行为,他观察到火焰前锋为 V 形 [图 6-11(c)],现象不同的原因可能是 XPS 受热易收缩,即使出现 V 形结构,该 V 形的尖端在两侧火焰热流作用下也会迅速收缩消失。

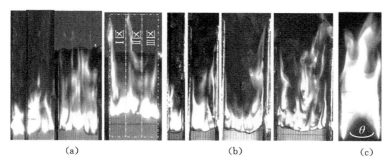

图 6-11　不同宽度试样的火焰形态正视图
(a) XPS,无边墙;(b) XPS,有边墙;(c) PMMA,无边墙

6.3.2.2　火焰高度

火焰高度随时间变化如图 6-12 所示。由于火焰高度随时间变化波动,在本节研究中我们仍采用平均火焰高度(H),结果示于图 6-13 中,平原地区的实验结果也列于图 6-13 中以作对比。

从图 6-12 中可以明显看出,火焰高度以不稳定的频率周期性变化,这种现象定义为火焰震荡。为了量化火焰震荡的强度,在此引入火焰高度的方差(S_h^2):

$$S_h^2 = [(h_1 - H)^2 + (h_2 - H)^2 + \cdots + (h_n - H)^2]/n \qquad (6-5)$$

此处 $h_1, h_2, \cdots, h_n$ 为瞬时火焰高度。S_h^2 在不同工况下的值如表 6-3 所列。

建筑外墙聚苯乙烯保温材料燃烧及火蔓延行为

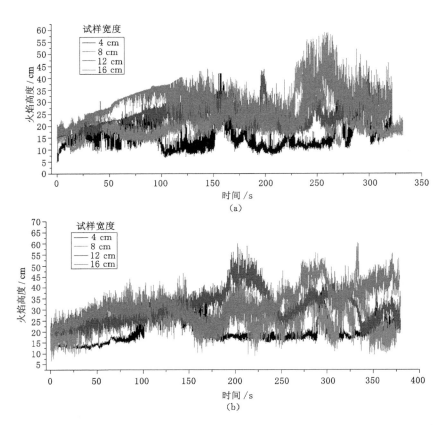

图 6-12　不同试样宽度的 XPS 火焰高度随时间变化曲线

（a）无边墙；（b）有边墙

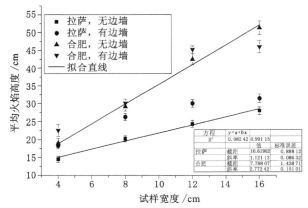

图 6-13　不同宽度 XPS 试样的平均火焰高度

表 6-3　　　　　　　　　　　不同工况下火焰高度的方差

试样宽度/cm		4	8	12	16
拉萨	无边墙	36.01	50.98	55.58	63.45
	有边墙	34.46	45.89	54.07	59.19
合肥	无边墙	54.02	66.47	71.37	76.17
	有边墙	48.69	58.83	67.11	70.78

表 6-3 说明 S_h^2 值随试样宽度的增加而增大,并且无边墙时的 S_h^2 值大于有边墙的工况。在大多数情况下,平原地区的 S_h^2 大于高原地区的 S_h^2。更大的 S_h^2 值意味着更显著的火焰震荡现象,这些现象的原因将在下面给出。

火焰震荡强度和 Gr 数之间存在正相关关系。Gr 数表达式如下:

$$Gr = g\beta(T_f - T_\infty)L^3\rho^2/\mu^2 \tag{6-6}$$

此处 L 是特征长度,在本节研究中可视为试样宽度,T_f 代表火焰温度,β 为体积热膨胀系数,μ 表示动力黏度。由式(6-6)可知,较高的火焰温度和较大的试样宽度导致较高的 Gr 值,意味着更显著的火焰震荡。无边墙的试样比有边墙的试样具有更高的火焰温度,这一点将在 6.3.2.3 节得到证实,因此无边墙时试样的火焰震荡强度更高。

气体密度可以由下式推导出:

$$\rho = pM/(R_g T) \propto p \tag{6-7}$$

将上式代入式(6-6)中可以得到:

$$Gr \propto g\beta(T_f - T_\infty)L^3 p^2/\mu^2 \tag{6-8}$$

式(6-8)说明较高的环境压力会导致较大的 Gr 值,因此火焰震荡在平原地区更显著。

如图 6-13 所示,有边墙时试样的平均火焰高度大于无边墙的工况。这一点可以归因于 6.2 节中提到的边墙效应Ⅱ,边墙效应Ⅱ能够提高向上的空气流速,从而拉伸火焰高度。同时也观察到随试样宽度增长,有边墙和无边墙时的火焰高度差值呈减小趋势,这是由于随着试样宽度的增大,边墙效应Ⅱ弱化,与边墙效应Ⅰ相抵,因此火焰高度差值呈减小趋势。

6.3.2.3　气相火焰温度和固相温度

气相火焰温度和固相温度是 XPS 火蔓延的重要参数,它们能够影响传热,而传热将影响质量损失速率和火蔓延速度。火焰温度由红外热像仪测量,最高火焰温度随时间发生变化,因此本节使用最高火焰温度的平均值(T_{max})。

如图 6-11(a)所示,燃烧区域平均分成三部分。16 cm 宽的试样各区域的最高火焰温度随时间变化如图 6-14 所示,可见有边墙工况下靠近边墙的燃烧

建筑外墙聚苯乙烯保温材料燃烧及火蔓延行为

区域（Ⅰ区）的T_{max}比中心区域更高,然而无边墙工况下结果相反,即中心区域（Ⅱ区）T_{max}值更高,通过测试其他宽度(4 cm、8 cm 和 12 cm)的试样也得到了相同的结论。该现象可能是由下述原因造成:边墙存在时,靠近边墙产生的热解产物不易横向扩散,因此,Ⅰ区或Ⅲ区集聚的可燃气体可能比Ⅱ区更多。此外,由于边墙的热导率低,靠近边墙的燃烧区域的热量损失更少。因此,Ⅰ区或Ⅲ区的T_{max}值更大。无边墙时,如 6.3.2.1 节所述,Ⅱ区的火焰高度更大,这表明中间区域集聚的可燃性气体更多。此外,试样两侧的空气卷吸带走了部分火焰热量,这些因素造成无边墙时Ⅰ区和Ⅲ区的火焰温度较低。拉萨高原地区不同工况下 T_{max} 值列于表 6-4 中,另外,将合肥平原地区测得的 T_{max} 值列于表 6-5 中以便对比。

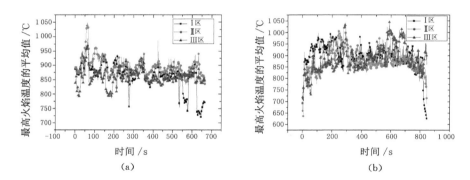

图 6-14　不同区域的最高火焰温度的平均值随时间变化图（16 cm 宽试样）

(a) 无边墙；(b) 有边墙

表 6-4　　　　　　不同工况下最高火焰温度的平均值(拉萨)　　　　　　℃

试样宽度/cm		4	8	12	16
无边墙	T_{max}	891	888	886	897
	Ⅰ区	878	862	875	867
	Ⅱ区	891	888	886	897
	Ⅲ区	882	870	858	859
有边墙	T_{max}	861	867	878	893
	Ⅰ区	822	797	878	893
	Ⅱ区	846	857	861	871
	Ⅲ区	861	867	835	882

表 6-5　　　　　　　　**不同工况下最高火焰温度的平均值(合肥)**　　　　　　℃

试样宽度/cm		4	8	12	16
无边墙	T_{max}	843	831	896	863
	Ⅰ区	832	831	874	840
	Ⅱ区	843	822	896	863
	Ⅲ区	830	811	891	828
有边墙	T_{max}	836	809	884	847
	Ⅰ区	836	809	867	836
	Ⅱ区	795	779	861	825
	Ⅲ区	809	799	884	847

　　如表 6-4 所列,有边墙时,T_{max} 低于无边墙时的情况,对于有边墙的试样,T_{max} 随着试样宽度的增大而升高。这可以归因于 6.2 节中所讨论的边墙效应Ⅰ。边墙效应Ⅰ使得燃烧效率和热量释放降低,从而使火焰温度降低。由于边墙的宽度是确定的,较窄试样的边墙效应Ⅰ比较显著,因此最高火焰温度随着试样宽度的增加而增大。

　　关于有边墙和无边墙试样三个燃烧区域的温度比较,在合肥获得的数据与在拉萨获得的数据呈现出相同的趋势。此外,在大多数情况下,平原的火焰温度比高原的低,这与张英的结论一致。

　　实验还测量了固相温度的变化,典型曲线如图 6-15 所示,在平原地区得到的实验数据也列于图中。可见温度曲线包含三个阶段:预热区、熔融区和热解区。XPS 是热塑性材料,在热解之前会发生熔融现象,当熔融的 XPS 接触到热电偶时,热电偶温度急剧上升,形成温升第一阶段,定义为预热阶段。之后热电偶被熔融的 XPS 包裹,使其温度增长较慢,形成温升第二阶段,定义为熔融阶段。暴露于火焰热流中的熔融 XPS 发生热解,当热解层接触到热电偶时,其温度升高至热解温度,这形成了第三阶段,即热解阶段。对于有边墙和无边墙的试样,拉萨熔融阶段的持续时间长于合肥。此外,有边墙试样熔融阶段的持续时间短于无边墙的工况。熔融阶段持续时间的长短与熔融 XPS 的厚度正相关,拉萨较低的环境压力导致了较低的空气密度,进而降低了热浮力并削弱了空气卷吸,而空气卷吸是燃烧中氧气供应的主要方式,因此拉萨的燃烧效率较低,这导致更多的熔融 XPS 剩余并积累形成较厚的熔融层,因此熔融阶段持续时间较长。至于边墙效应,6.2 节已提到,边墙效应Ⅳ使得熔融物积累较少,因此有边墙时试样的熔融阶段持续时间比无边墙时更短。另外,还可以从图6-15中观察到,较高的熔融阶段温度对应于较短的持续时间。熔融阶段温度表示为T_l,为热电偶刚接触到熔融层时升至的温度,即熔融层的下表面温度,由于火焰在熔融层上表层,因此上表层的温度基本等同于火焰温度T_f。T_l可通过下式求得:

$$T_l = T_f - \dot{q}d/\lambda_m A \qquad (6-9)$$

式(6-9)表明熔融阶段温度与熔融 XPS 的厚度 d 之间存在负相关关系,而熔融厚度和持续时间正相关,因此,较高的熔融阶段温度对应于较短的持续时间。

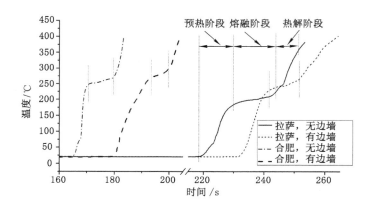

图 6-15　不同工况下固相温度变化(16 cm 宽试样)

6.3.2.4　火蔓延速度

火蔓延速度(v_f)是火焰蔓延的一个重要参数,通过图像处理方法获得火焰前锋位置数据,典型曲线绘制在图 6-16 中,由图可以看出,曲线基本是线性的,尽管可以观察到一些加速和减速现象,但并不明显。由图 6-16 中的曲线经过一阶求导计算可以得到平均火蔓延速度,结果在图 6-17 中给出,平原地区得到的 v_f 实验数据也列于图 6-17 中。

对于无边墙的工况,平均火蔓延速度随试样宽度增加先下降后上升,W_0 表示实验中最小火蔓延速度对应的试样宽度,从图 6-17 中可以观察到,高原地区测得的 W_0 大于平原地区(拉萨,$W_0 = 12$ cm;合肥,$W_0 = 8$ cm)。当边墙存在时,两地的平均火蔓延速度都随试样宽度的增加而增大。无边墙时测得的 v_f 值比有边墙时的大,此外,平原地区的 v_f 测量值大于高原地区的。

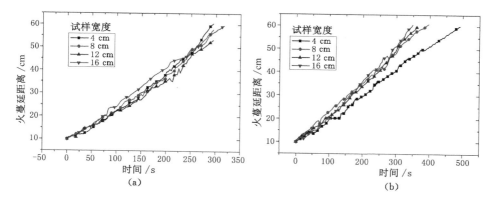

图 6-16　火焰蔓延距离随时间变化曲线

（a）无边墙；（b）有边墙

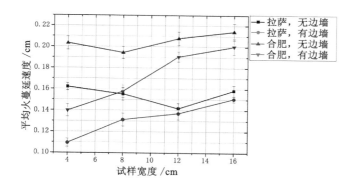

图 6-17　不同工况下平均火蔓延速度随试样宽度的变化曲线

6.4　试样厚度、边墙结构和大气压力对 XPS 竖直逆流火蔓延的影响

6.4.1　概述

　　试样厚度、边墙结构和大气压力都会显著地影响材料的火蔓延行为。虽然研究对象不是 XPS 泡沫，但一些学者对压力和厚度影响下的其他材料的火蔓延特性进行了研究。De Ris 等提出了火焰辐射模型，该模型指出火蔓延速度和 $p^2 L$ 正相关。Kleinhenz 等提出了一个 pressure-gravity 模型，他们得出的结论是：向上的火蔓延速度和燃烧速率与 $p^{1.8} g$ 成正比。至于材料厚度的影响，

Di Blasi指出一个假设,即当材料非常薄时,火蔓延速度随试样厚度的增加而增大,之后他建立的模型证明了这个假说。对于热薄型材料,Fernandez-Pello 和 Willams 通过模型证明了火蔓延速度和材料厚度负相关,之后该预测结果得到了 Quintiere 和 Lee 的实验验证。当试样厚度增至一定值时,火蔓延速度将基本恒定,不再随试样厚度增加而变化。

关于边墙对火蔓延的影响研究较少。Tsai 研究了边墙对 PMMA 竖直顺流火蔓延的影响,他发现对于较窄的试样,边墙的存在能够增大火蔓延速度,但对于较宽的试样,结果却恰恰相反。

通过上文的文献调研,发现对于 XPS 竖直逆流火蔓延的研究还远远不够。关于压力效应,前人的研究还未达成共识。关于试样厚度的影响,模拟研究都假设试样宽度为无限大,实验研究中用到的材料的宽度也远大于厚度,但对试样厚度和宽度相差不大时的火蔓延行为却鲜有研究。而且,前人的研究几乎没有涉及试样厚度、边墙结构及环境压力对 XPS 竖直向下火蔓延的耦合影响,这一点值得进行全面研究,因此本工作是十分必要的。

6.4.2 实验系统和方法

实验系统如图 6-18(a)所示,包括 XPS 试样、数码摄像机、电子天平、K 型热电偶、计算机、数据采集仪、石膏板和边墙。XPS 试样选择 2 cm、3 cm、4 cm 和 5 cm四种厚度,对应的质量分别为 27.23 g、40.84 g、54.45 g 和 68.07 g。两支 K 型热电偶插入材料中用以测量固相温度变化。

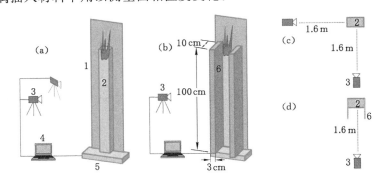

图 6-18　实验系统简图

(a) 无边墙;(b) 有边墙;(c) 无边墙俯视图;(d) 有边墙俯视图

1——石膏板;2——XPS 试样;3——数码摄像机;4——计算机;5——电子天平;6——边墙

实验前,用线性点火器点燃材料上端,线性点火器所用燃料为正庚烷,实验在开放空间内进行,实验系统远离通风口,因此火蔓延不受外界气流影响,环境温度变化小于 0.5 ℃/h,实验过程中无明显震动和强磁场影响电子天平对数据的测量。实验分别在拉萨高原和合肥平原两地开展,两地的环境条件已在表 5-1 中详述。

6.4.3　结果和讨论

6.4.3.1　火焰形态

不同厚度、结构和环境条件下的 XPS 火焰形态如图 6-19(a)～(d)所示,可以观察到火焰高度随试样厚度增长而增长,平原地区的火焰高度大于高原地区。而且较厚的试样火焰震荡更剧烈,该现象同样可用 Gr 数解释,Gr 数表达式如式(6-6)所列,式中 L 为特征长度,在 6.2 和 6.3 节中,均把试样宽度作为特征长度,在 Zhang 等的研究中,也把宽度作为特征长度,然而在本节中,试样宽度保持恒定且宽度与厚度的差值不大,那么可将试样厚度作为特征长度,因此随厚度增长,Gr 数增大,火焰震荡更加剧烈。

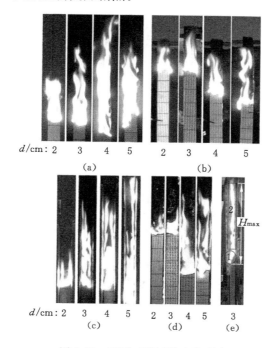

图 6-19　不同工况下的火焰形态

(a) 正视图:平原地区,无边墙;(b) 正视图:高原地区,无边墙;(c) 正视图:平原地区,有边墙;

(d) 正视图:高原地区,有边墙;(e) 侧视图:1.表面火焰区;2.黏附火焰区

此外,还观察到与 6.2 节一致的实验现象:有边墙时,最大火焰高度出现在边墙附近,无边墙时,最大火焰高度出现在材料中轴线附近。由火焰侧视图[图 6-19(e)]可知,燃烧区域也分为两部分,即表面火焰区和黏附火焰区。

6.4.3.2 质量损失速率

本研究中利用电子天平测得了试样质量随时间的变化曲线,然后对该曲线求导即可得到质量损失速率随时间的变化,进一步计算得到平均质量损失速率,计算方法如下:

$$\dot{m} = (\dot{m}_1 + \dot{m}_2 + \cdots + \dot{m}_n)/n \tag{6-10}$$

其中,n 为总测试时间,在该时间内,电子天平采数频率为 1 S/s,$\dot{m}_n$ 表示第 n 秒的质量损失速率。进一步求得单位厚度的质量损失速率 $\dot{m}'$,即 $\dot{m}/d$,结果列于图 6-20 中。

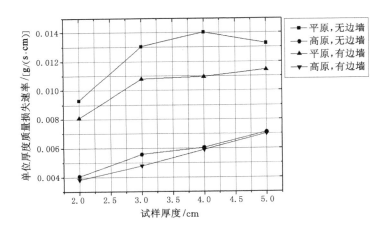

图 6-20 单位厚度质量损失速率随厚度的变化

由图 6-20 可知,多数情况下,单位厚度质量损失速率随试样厚度增大而增大,但 5 cm 厚试样在合肥平原的测试结果例外,平原地区的 $\dot{m}'$ 值大于高原地区,无边墙工况下的 $\dot{m}'$ 值高于有边墙工况下的 $\dot{m}'$ 值。

质量损失速率主要由火焰向未燃区的传热决定,火焰热流包括对流热流和辐射热流:

$$\dot{m}'' = C(\dot{q}''_c + \dot{q}''_r) \tag{6-11}$$

其中,C 为常数。对于具有稳定质量损失速率和温度的燃烧平面,对流热流和质量损失速率符合一定函数关系,Spalding 和 Delichatsios 等提出了该函数的表达式:

$$\dot{m}'' = \frac{k_g}{c_p \delta} \ln(1+B) \tag{6-12}$$

其中，B 为无量纲数，反映了燃烧中的质量传递，Spalding 提出了 B 数的表达式：

$$B = [Y_{O_2,\infty} Q_{O_2} - c_p(T_s - T_\infty)]\dot{m}''/\dot{q}_c'' \tag{6-13}$$

将式(6-13)代入式(6-12)可得：

$$\dot{q}_c'' = \frac{C_1 \dot{m}''}{e^{\dot{m}''c_p \delta/k_g} - 1}, C_1 = Y_{O_2,\infty} Q_{O_2} - c_p(T_s - T_\infty) \tag{6-14}$$

可通过以下两个方程得到辐射热流：

$$\dot{q}_r'' = \varepsilon_f \sigma(T_f^4 - T_p^4) \tag{6-15}$$

$$\varepsilon_f = 1 - \exp(-k_s L) \tag{6-16}$$

将式(6-14)~(6-16)代入式(6-11)可得：

$$\dot{m}''\left(\frac{1}{C} - \frac{C_1}{e^{\dot{m}''c_p \delta/k_g} - 1}\right) = \frac{\dot{m}''}{W}\left[\frac{1}{C} - \frac{C_1}{e^{\dot{m}''c_p \delta/(Wk_g)} - 1}\right]$$

$$= \sigma(T_f^4 - T_p^4)[1 - \exp(-k_s L)] \tag{6-17}$$

式(6-17)表明单位厚度质量损失速率与特征长度 L（即试样厚度）正相关，因此推出 $\dot{m}'$ 随试样厚度增加而增大，可见理论分析结果和实验结果基本相符。然而，对于平原地区测试的无边墙工况下的 5 cm 厚的试样，实验中观察到明显的熔融滴落现象，滴落发生后，部分热量和燃料脱离燃烧区，使得火焰弱化，传热减少，因此 $\dot{m}'$ 变小。

高原地区的低压使得燃烧过程中的空气对流弱化，那么空气卷吸也随之弱化，燃烧区供氧受到限制，供氧不足引起燃烧效率降低，因此高原地区的 $\dot{m}'$ 值较小。

如 6.2 节所述，有边墙工况下的质量损失速率较低可归因于边墙效应Ⅰ和侧边效应。另外，图 6-20 中的实验结果和 Kumar 的数值模拟结果一致。

两地实验环境条件的最大差异是大气压力，无边墙工况下，Gong 等通过理论分析和实验研究，探讨了大气压力对 PMMA 质量损失速率的影响，理论分析发现质量损失速率和压力符合以下公式：

$$\dot{m} \propto C_h p^{2n} + C_r p^2 \tag{6-18}$$

其中，C_h 和 C_r 为常数，$C_h p^{2n}$ 代表对流热流，湍流时 $n=1/3$，层流时 $n=1/4$；$C_r p^2$ 代表辐射热流，而通过实验发现 $\dot{m} \propto p^{1.8}$，若在本研究中，$\dot{m}$ 也正比于大气压力的 n_0 次方，那么 n_0 的值可通过式(6-19)求得，结果列在表 6-6 中。

$$n_0 = \log(\dot{m}_{hefei}/\dot{m}_{lhasa})/\log(p_{hefei}/p_{lhasa}) \tag{6-19}$$

表 6-6 无边墙时不同厚度工况下的 n_0 值

厚度/cm	2	3	4	5
n_0	1.918	1.964	1.954	1.443

对于大多数厚度（2～4 cm）的实验，从表 6-6 中可以看到 n_0 值变化不大，但当试样厚度为 5 cm 时，n_0 值明显减小，原因可能是平原地区 5 cm 试样测试中，其 $\dot{m}'$ 值相对较小。

上述分析表明，在本研究的大多数情况下，$\dot{m}$ 是压力 p 的幂函数，且函数关系可表示为以下形式：

$$\dot{m} = kp^{n_0} \tag{6-20}$$

其中，k 为常数，且 $1.9 < n_0 < 2$，发现 n_0 值大于 Gong 等的实验拟合值 1.8，原因可能是高原地区的熔融物生成速率要大于平原地区，该观点将在下文得到证实，较高的熔融物生成速率使得滴落的可能性变大，而如前所述，滴落会造成质量损失速率的降低，换言之，在高原地区，不仅低压降低了质量损失速率，熔融物滴落也强化了这一影响，因此 $\dot{m}_{\text{lhasa}}$ 值较小，根据式（6-19），较小的 $\dot{m}_{\text{lhasa}}$ 值意味着较大的 n_0 值。

燃烧时间 t_b 可由下式求得：

$$t_b = \rho Wdl/\dot{m} = \rho Wl/\dot{m}' \tag{6-21}$$

可见燃烧时间和单位厚度的质量损失速率呈反比，根据 $\dot{m}'$ 的变化趋势，可推断出燃烧时间随试样厚度增加而减少（除了平原无边墙工况下的 5 cm 厚试样），平原地区的 t_b 值小于高原地区的，无边墙时的 t_b 值小于有边墙的情况。

另外，本研究还引入无量纲热释放速率（$\dot{Q}^*$），无量纲数有助于将小尺寸的实验结果推广到大尺寸的实际应用，Heskestad 提出了计算无量纲热释放速率的公式：

$$\dot{Q}^* = \dot{Q}/\rho_\infty c_p T_\infty \sqrt{gD} D^2 \tag{6-22}$$

其中，D 为池火直径。本研究通过相似的公式定义无量纲热释放速率：

$$\dot{Q}^* = \dot{Q}/\rho_\infty c_p T_\infty \sqrt{gd} d^2 = \dot{m} \Delta h/\rho_\infty c_p T_\infty \sqrt{gd} d^2 \tag{6-23}$$

其中，d 代表试样厚度，计算得到的 $\dot{Q}^*$ 值列于图 6-21 中，对该图中数据进行非线性拟合，拟合结果也列于图中，发现无量纲热释放速率与试样厚度符合一个指数函数：

$$\dot{Q}^* = F \exp(-0.3d) \tag{6-24}$$

其中，F 为常数，F 值也示于图 6-21 中。

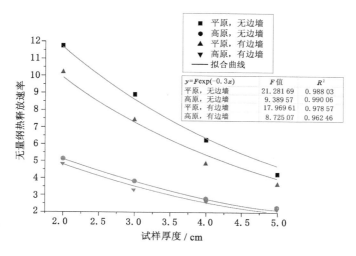

图 6-21 无量纲热释放速率和试样厚度的关系及拟合结果

6.4.3.3 平均火焰高度

火焰高度是火蔓延的关键参数之一,能够直接影响材料的火灾危险性,本书将研究平均火焰高度(H),火焰高度和平均火焰高度的获取方法已在第 6.2.3 节详细介绍。

不同工况下的 H 值示于图 6-22 中,可见较厚的试样一般对应较大的火焰高度(平原无边墙情况下的 5 cm 厚试样除外),平原地区的 H 值大于高原地区的。对比图 6-20 可以发现,H 的变化趋势和 $\dot{m}'$ 一致,这是因为 $\dot{m}'$ 决定了气相燃料体积,从而决定了火焰体积及火焰高度。另外,对于扩散火焰,火焰高度为 Fr 数的 n 次方,Fr 数代表的是浮力和惯性力的比值:

$$H/d \propto Fr^n = (u_0^2/dg)^n \tag{6-25}$$

其中 $1/5 \leqslant n \leqslant 1/3$。由上式得到 $H \propto d^{1-n}$,因 $1-n>0$,所以这也可以解释多数情况下火焰高度随试样厚度增加而增大的现象,该现象和黄新杰的实验结果一致,他发现水平火蔓延中,XPS 的表面火焰高度和 EPS 的池火高度均随试样厚度的增加而增大。

除了质量损失速率对平均火焰高度的直接影响外,压力也会对 H 产生影响,无量纲平均火焰高度符合下式:

$$H/d \propto du_0/D_e \tag{6-26}$$

Williams 提出 D_e 和压力负相关,即 H 和压力正相关,因此平原地区的 H 值大于高原地区的。

式(6-26)表明 p 和 u_0 不变的情况下,$H \propto d^2$,而式(6-25)表明 $H \propto d^{1-n}$,

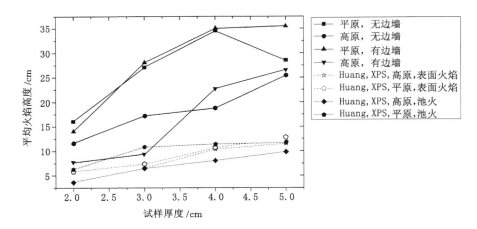

图 6-22　不同工况下平均火焰高度随试样厚度的变化

本研究中 H 和 d 的关系式可能和上述表达式都不同,因为对于 XPS,黏附火焰区的存在使得火焰高度发生显著改变,H 和 d 的表达式将在本节末推导。

至于边墙效应,可以观察到当试样较薄时,无边墙时的平均火焰高度大于有边墙的情况;但当试样较厚时,无边墙时的平均火焰高度小于有边墙的情况。上述现象可归因于边墙的双重作用,如 6.2 节所述,边墙效应 I 会导致较小的质量损失速率,造成较小的火焰高度,而边墙效应 II 将强化向上的气体流动,进而拉伸火焰。对于较薄的试样,平均火焰高度较小(如图 6-22 所示),意味着火焰体积较小,燃烧需要卷吸较少的空气并产生较少的高温烟气,因此,烟囱效应不明显,即边墙效应 II 不显著,那么在这种情况下边墙效应 I 可能处于主导地位,造成无边墙时的 H 值较大。随着试样厚度的增加,平均火焰高度增大,燃烧强化,此时边墙效应 II 变为主导因素,火焰被显著拉伸,因此有边墙时的 H 值较大。

无边墙时,讨论了平均火焰高度和平均质量损失速率之间的关系。通过线性拟合发现 H 和 $\dot{m}$ 符合线性关系,因平原地区无边墙工况下 5 cm 厚试样的测试中,流动滴落对实验结果影响较大,因此线性拟合时未考虑该工况。拟合表达式[式(6-27)]和相关参数(a 和 b)都示于图 6-23 中。

$$H = a + b\dot{m} \tag{6-27}$$

将式(6-27)和式(6-20)结合,可得平均火焰高度和压力之间的关系式:

$$H = a + \mu p^{n_0}, \quad (\mu = bk, 1.9 < n_0 < 2) \tag{6-28}$$

而且将式(6-21)和式(6-27)结合,可得以下关系式:

$$H = a + b\rho Wdl/t_b \tag{6-29}$$

进一步,基于式(6-23)和式(6-27),可推出无量纲的火焰高度与无量纲的

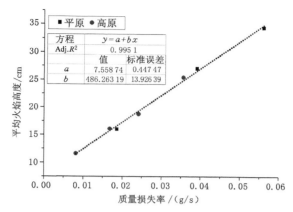

图 6-23　无边墙时平均火焰高度和平均质量损失速率的线性拟合关系

热释放速率之间的关系：

$$H^* = H/d = a/d + b\rho_\infty c_p T_\infty \sqrt{g}\, d^{3/2} \dot{Q}^* / \Delta h \qquad (6\text{-}30)$$

将式(6-24)代入式(6-30)可得：

$$H^* = a/d + bF\rho_\infty c_p T_\infty \sqrt{g}\, d^{3/2} \exp(-0.3d)/\Delta h \qquad (6\text{-}31)$$

该式表现了无量纲火焰高度和试样厚度之间的关系。

6.4.3.4　火蔓延速度

火蔓延速度是最重要的火蔓延特性参数之一，为得到火蔓延速度，需测得火焰前锋位置随时间的变化，本研究中，火焰前锋位置是由图像处理方法得到，如图 6-24 所示。

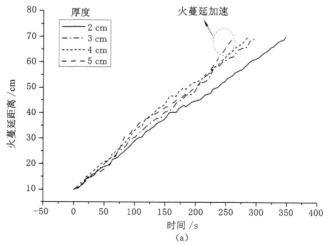

图 6-24　不同工况下火蔓延距离随时间的变化曲线

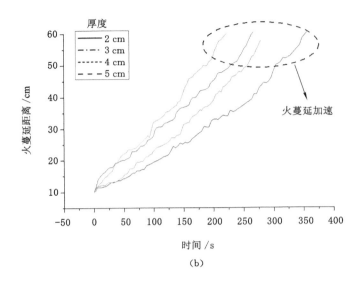

(b)

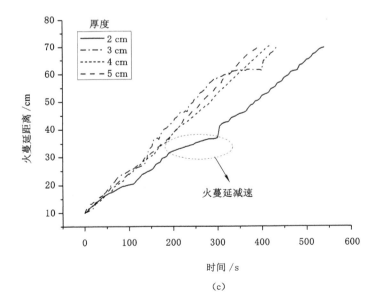

(c)

续图 6-24　不同工况下火蔓延距离随时间的变化曲线

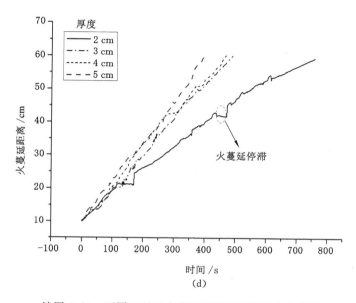

续图 6-24　不同工况下火蔓延距离随时间的变化曲线

（a）平原地区,无边墙;（b）高原地区,无边墙;（c）平原地区,有边墙;（d）高原地区,有边墙

对于平原地区无边墙的工况[图 6-24(a)],可观察到较薄试样(2 cm、3 cm 和 4 cm)的火蔓延距离随时间基本呈线性增长,即对于较薄试样火蔓延速度基本恒定,当试样较厚时(5 cm),开始阶段,火蔓延距离以一定斜率线性增长,之后斜率显著升高,这说明在测试结束阶段,火蔓延出现加速现象。对于高原地区无边墙的工况[图 6-24(b)],所有厚度的试样均出现火蔓延加速现象。对于有边墙的工况[图 6-24(c)和图 6-24(d)],当试样较薄时,出现了火蔓延减速和停滞现象,该现象在高原地区更显著(因高原地区 2 cm、3 cm 和 4 cm 厚试样均出现此现象,而平原地区仅 2 cm 和 3 cm 试样出现了此现象),当试样较厚时(平原地区:4～5 cm;高原地区:5 cm),两地都没出现火蔓延加速现象,火蔓延速度基本保持不变。

火蔓延加速现象与熔融物的向下流动有关,有关火焰形态的章节提到,火蔓延过程中有部分熔融 XPS 黏附在后壁上,该部分材料积累到一定程度可能会向下流动,如果流动的 XPS 正处于燃烧状态,便可直接促进火焰前锋的推进,另外,熔融物流入未燃区,也会有部分热量从熔融物传至未燃区,这也有助于提高火蔓延速度。

至于火蔓延过程中出现的减速甚至停滞现象,应归因于边墙效应Ⅰ和Ⅲ,第 6.2 节提到,边墙效应Ⅰ能够减少火焰的对流热流和辐射热流,并弱化表面火

建筑外墙聚苯乙烯保温材料燃烧及火蔓延行为

焰,边墙效应Ⅲ也会弱化表面火焰,Huang 等的研究证明表面火焰是影响蔓延速度的关键因素,而池火(类似于本研究中的黏附火焰)对蔓延速度的影响较小,因此有边墙时出现了蔓延减速现象。当未燃材料从弱化的表面火焰获得的热量不足以维持热解时表面火焰就会熄灭,使得火蔓延停滞现象发生。然而,实验观察到黏附火焰并未熄灭,从黏附火焰到未燃区的传热还在继续,当热量积累到一定程度,XPS 重新被点燃,火焰得以继续传播。除了边墙效应,高原地区的低压也会降低火焰热反馈,而且低压造成燃烧效率降低,表面火焰减弱,因此高原地区的火蔓延减速及停滞现象更为显著。

对图 6-24 中的曲线进行一阶求导可得火蔓延速度,上文提到火蔓延速度在某些工况下是非恒定的,因此求取平均火蔓延速度以便进行有效的比较和分析,求取火蔓延速度平均值和质量损失速率平均值的方法相同,结果如图 6-25 所示。

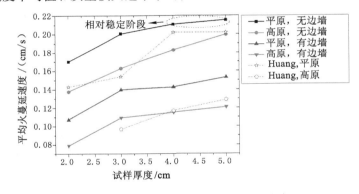

图 6-25　不同工况下的平均火蔓延速度

图 6-25 表明平均火蔓延速度(v_f)在本研究中所有工况下均随试样厚度增加而增大。对于平原地区无边墙的情况,试样较薄(2~4 cm)时,随厚度增加,v_f 增大显著,但当试样较厚时,v_f 增大不再明显,出现相对稳定区(相对稳定期阶段:4~5 cm)。对于高原地区无边墙时的所有测试厚度,随厚度增加,v_f 的增大均较显著。上述现象和黄新杰的实验结果相符,对于 XPS 的水平火蔓延,他发现了类似的趋势。另外,本研究还发现无边墙时的平均火蔓延速度大于有边墙的情况,平原地区的火蔓延速度大于高原地区。

由火蔓延的传热模型可知,燃烧区向未燃区的传热决定了火蔓延速度的大小,传热主要包括固相传热和气相传热(即火焰传热)。Chen 等研究了厚木板的竖直逆流火蔓延,发现固相传热强度随试样厚度增加而显著增大,对于较厚试样,固相传热强度已成为影响火蔓延速度的重要因素。因此,本书也通过式(6-3)计算了固相热流强度,计算结果列于表 6-7 中。

表 6-7		不同工况下的固相热流强度			
工况		2 cm	3 cm	4 cm	5 cm
拉萨	无边墙	$78.23\lambda_m$	$90.04\lambda_m$	$101.26\lambda_m$	$113.46\lambda_m$
	有边墙	$61.28\lambda_m$	$77.78\lambda_m$	$84.99\lambda_m$	$90.11\lambda_m$
合肥	无边墙	$124.17\lambda_m$	$143.05\lambda_m$	$155.18\lambda_m$	$158.38\lambda_m$
	有边墙	$78.26\lambda_m$	$94.26\lambda_m$	$104.32\lambda_m$	$110.39\lambda_m$

表 6-7 表明在所有实验工况下,固相热流强度均随试样厚度增加而增大,这正是火蔓延速度随厚度增大的原因之一。

除了固相传热强度,气相传热强度也需考虑,其中辐射传热强度是一个重要因素,可由下式求得:

$$\dot{q}_r'' = \sigma\varepsilon_f(T_f^4 - T_p^4) = \sigma(T_f^4 - T_p^4)[1 - \exp(-\kappa_s L)] \tag{6-32}$$

其中,L 为燃烧区的特征长度,上文提到本研究中将试样厚度视为特征长度,式(6-32)中的 T_f 和 T_p 基本不随厚度变化,σ 为常数,因此 $\dot{q}_r''$ 和试样厚度正相关,这也是火蔓延速度随厚度增大的原因。火蔓延速度相对稳定阶段的出现可归因于 ε_f 随厚度的变化趋势,详细分析如下:假设 $M = \kappa_s L$,对式(6-16)一阶求导可得式(6-33):

$$\varepsilon_f' = \exp(-M) \tag{6-33}$$

由式(6-33)可得,ε_f 的增率即 ε_f',随特征长度(试样厚度)的增加而减小,那么对于较厚试样,辐射传热随厚度增加变化不大,因而 v_f 会出现相对稳定阶段。另外,De Ris 等提出,κ_s 随压力的降低而减小,因此高原地区的 κ_s 值较小,假设 $M = M_0$ 时,即 $L = M_0/\kappa_s$ 时,火蔓延速度的相对稳定阶段会出现,因此较小的 k_s 值对应较高的 L 值,即相对平原地区,高原地区的相对稳定阶段会出现在更厚试样的实验中,而本研究高原地区实验中未出现相对稳定阶段,正是因为所选试样厚度有限,我们预测在更厚试样的实验中将会出现相对稳定阶段。然而,上述分析不能用于解释边墙存在情况下的火蔓延速度变化趋势,这是因为边墙效应的存在可能引起传热机制的改变,这将在以后的研究中探讨。

表 6-7 证明高原地区的固相热流低于平原地区的,而且,上文提到高原地区的 κ_s 值较小,因此高原地区的辐射热流也较小,这些造成了高原地区的火蔓延速度较小。

如 6.2 节所述,边墙的存在会降低燃烧效率和火焰向未燃区的传热量,边墙还会弱化表面火焰,而表面火焰能够显著影响火蔓延速度。前文提到有边墙时的平均质量损失速率低于无边墙的情况,而且有边墙时熔融 XPS 的生成速率要高于无边墙的情况,这将在下文验证,另外,观察到有边墙时的火焰比无边墙时更薄,这一实验现象验证了 Kumar 等的数值模拟结果。上述所有因素都造成有边墙时火蔓延速度更低。

6.4.3.5 熔融 XPS 质量增长速率

当 XPS 点燃后,未燃材料先熔融,熔融的 XPS 可能会向下流动加速火蔓延,熔融物滴落又会点燃其他材料,扩大火灾规模,因此很有必要研究熔融 XPS 质量增长速率($\dot{m}_1$)。

火蔓延过程中,部分熔融 XPS 会热解产生可燃气体,随后着火燃烧,这部分被消耗的熔融物质量为 $\dot{m}t$,另外一部分熔融物会黏附在后壁上,并逐渐积累,该部分质量为 $\dot{m}_1 t$,上述两部分的总质量为 ρV,其中 V 为总体积且有 $V = W d v_{\mathrm{f}} t$,综合以上分析可得下式:

$$\dot{m}t + \dot{m}_1 t = \rho W d v_{\mathrm{f}} t \qquad (6\text{-}34)$$

式(6-34)可转化为:

$$\dot{m}_1 = \rho A_c v_{\mathrm{f}} - \dot{m} \qquad (6\text{-}35)$$

其中,A_c 为试样横截面面积,计算得到的 $\dot{m}_1$ 列于表 6-8 中。

表 6-8 不同工况下熔融 XPS 质量增长速率的计算值 g/s

试样厚度/cm	2	3	4	5
无边墙(平原)	0.027 67	0.042 86	0.058 58	0.080 18
无边墙(高原)	0.029 36	0.049 68	0.075 46	0.100 28
有边墙(平原)	0.012 98	0.024 67	0.033 96	0.047 13
有边墙(高原)	0.013 84	0.030 24	0.039 13	0.047 38

如表 6-8 所列,平原地区的熔融 XPS 质量增长速率低于高原地区的,无边墙时的 $\dot{m}_1$ 值大于有边墙的情况,随试样厚度的增加,$\dot{m}_1$ 呈增大趋势。

如前文所述,高原地区的低压会引起燃烧效率的降低,这造成燃烧区向未燃区传热减少,因此较少的熔融物热解消耗,较多的熔融物剩余积累,使得拉萨地区的 $\dot{m}_1$ 值较大。而且,前文已证明高原地区的火焰高度小于平原地区,较小的火焰高度不能点燃黏附在后壁上较高位置的熔融物,使得燃烧面积较小,造成较多的熔融物剩余积累,这也是拉萨地区 $\dot{m}_1$ 值较大的原因。

由表 6-8 还可以得到,有边墙时的熔融 XPS 质量增长速率小于无边墙的工况,这印证了 6.2 节关于边墙效应 IV 分析的正确性。

随着试样厚度的增加,熔融 XPS 质量增长速率的变化趋势和平均火蔓延速度的变化趋势一致,这说明 $\dot{m}_1$ 也是影响竖直逆流火蔓延的因素之一。

表 6-8 也可用于解释图 6-24 中发现的规律,即并非所有曲线都有火蔓延加

速现象,只有熔融 XPS 质量增长速率足够大,熔融物才能充分积累,才有可能出现向下流动并引起火蔓延加速。例如,从表 6-8 中可见,平原地区无边墙工况下 5 cm 厚的试样对应的 $\dot{m}_1$ 值明显高于 2 cm 厚的试样,因此 5 cm 厚的试样出现了火蔓延加速现象,而 2 cm 厚试样并未出现此现象。

另外,基于式(6-21)和式(6-35)可得式(6-36),该方程表现了燃烧时间、熔融 XPS 质量增长速率和平均火蔓延速度之间的关系。

$$\dot{m}_1 = \rho A_c (v_f - l/t_b) \tag{6-36}$$

6.5　耦合试样尺寸、边墙结构和环境压力的 XPS 竖直逆流火蔓延模型

本节将考虑第 6.2～6.4 节的实验结果,基于传热和燃烧基础理论,建立 XPS 竖直逆流火蔓延模型,该模型将耦合试样尺寸、边墙结构和环境压力的影响,能够预测 XPS 火蔓延速度随影响因素的变化规律,最后将实验结果和预测结果相比较,验证模型的可靠性。

6.5.1　物理模型

根据实验观察及传热机制,构建了热塑性保温材料竖直逆流火蔓延物理模型,如图 6-26 所示。

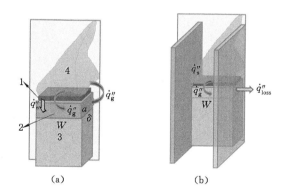

图 6-26　热塑性保温材料竖直逆流火蔓延物理模型

(a) 无边墙;(b) 有边墙

1——熔融材料;2——预热区;3——未加热材料;4——火焰

传至预热区的热流强度包含两部分:固相热流强度($\dot{q}''_s$)和气相热流强度

($\dot{q}''_g$)。前者通过熔融 XPS 传导,因熔融 XPS 的热导率要远大于未熔融的 XPS,所以 $\dot{q}''_s$ 不能忽略。对于有边墙和无边墙两种工况,因材料背面紧贴热导率较低的石膏板,所以背面的热损失可以忽略不计。根据第 6.2～6.4 节实验结果可知,在所有的测试中火焰前锋基本保持水平,因此预热区可以看作长方体。

6.5.2 数学模型

由上述物理模型可知,对于无边墙的工况,气相热流的加热区域为材料正面和两个侧面,固相热流的加热区域为材料的横截面。因此,总传热量可由式(6-37)得到:

$$\dot{q}_{total} = \dot{q}''_s W\delta + \dot{q}''_g a(W + 2\delta) \tag{6-37}$$

其中,W 和 δ 分别为试样的宽度和厚度,a 为预测区长度。

对于有边墙的工况,气相热流的加热区域不仅包括试样的两个侧面,而且应该考虑预热材料侧面通过边墙向环境的热损失,因此总的传热量表示为:

$$\dot{q}_{total} = \dot{q}''_s W\delta - 2\dot{q}''_{loss} a\delta + \dot{q}''_g a W \tag{6-38}$$

预热区的能量守恒方程为:

$$\dot{m}_{total}[h_{deg} + c_{p,s}(T_m - T_\infty) + c_{p,l}(T_p - T_m)] = \dot{q}_{total} \tag{6-39}$$

其中 $c_{p,s}$ 和 $c_{p,l}$ 分别为固态和熔融态的比定压热容,T_m 和 T_p 分别为熔融温度和热解温度,h_{deg} 为相变潜热。

总质量损失速率和火蔓延速度的关系表示为:

$$v_f = \frac{\dot{m}_{total}}{W\rho\delta} \tag{6-40}$$

下述方程可用于计算 $\dot{q}''_s$:

$$\dot{q}''_s = \lambda_m \frac{\partial T_m}{\partial x}\bigg|_{x=x_{ig}} \tag{6-41}$$

气相热流强度由对流热流强度($\dot{q}''_c$)和辐射热流强度($\dot{q}''_r$)组成:

$$\dot{q}''_g = \dot{q}''_c + \dot{q}''_r = h(T_f - T_\infty) + \sigma\varepsilon(T_f^4 - T_\infty^4) \tag{6-42}$$

h 和 ε 分别为对流传热系数和火焰发射率,它们随环境压力 p 和材料尺寸的变化而变化,式(6-42)中其他参量基本不受压力和试样尺寸影响。h 可由式(6-43)计算得到,另外,可通过式(6-44)～式(6-46)推导出 h 与材料尺寸和环境压力的关系。

$$h = \frac{\lambda_g Nu_L}{L} = \frac{\lambda_g C_{Nu} Ra^n}{L} \tag{6-43}$$

$$Ra = Gr_L Pr = \frac{g\beta(T_f - T_p)L^3}{v_g \alpha_g} \tag{6-44}$$

$$v_g = \mu_g / \rho_g, \alpha_g = \lambda_g / \rho_g c_{p,g} \tag{6-45}$$

$$\rho_g R T = p M \tag{6-46}$$

其中，λ_g 表示气体的热导率，α_g 为气体的热扩散率，v_g 为气体的运动黏度，C_{Nu} 为常数。将式(6-44)～式(6-46)代入式(6-43)可得到 h 的表达式：

$$h = \lambda_g C_{Nu} \left[\frac{g\beta(T_f - T_p)c_{p,g}M^2}{\mu_g \lambda_g R^2 T^2} \right]^n L^{3n-1} p^{2n} \tag{6-47}$$

通过泰勒级数展开并忽略高次项，式(6-42)中的 $\varepsilon = 1 - \exp(-\kappa_s L)$ 可以简化为 $\varepsilon \approx \kappa_s L$。而且，De Ris 等提出 $\kappa_s = C_k p^2$。综上可推导出：

$$\varepsilon \approx C_k p^2 L \tag{6-48}$$

其中，C_k 为常数，将式(6-37)、式(6-39)、式(6-41)、式(6-42)、式(6-47)和式(6-48)代入式(6-40)可得到无边墙工况下的火蔓延速度方程：

$$v_f \approx k_1 \lambda_m \frac{\partial T_m}{\partial x}\bigg|_{x=x_{ig}} + k_1 a(k_2 L^{3n-1} p^{2n} + k_3 L p^2) \frac{(W + 2\delta)}{W\delta} \tag{6-49}$$

其中，$k_1 = \dfrac{1}{[h_{deg} + c_{p,s}(T_m - T_\infty) + c_{p,l}(T_p - T_m)]\rho}$，$k_2 = \lambda_g C_{Nu}$ $\left[\dfrac{g\beta(T_f - T_p)c_{p,g}M^2}{\mu_g \lambda_g R^2 T^2}\right]^n (T_f - T_\infty)$，$k_3 = C_k \sigma(T_f^4 - T_\infty^4)$。

将式(6-38)、式(6-39)、式(6-41)、式(6-42)、式(6-47)和式(6-48)代入式(6-40)可得：

$$v_{f\text{-sidewall}} \approx k_1 \lambda_m \frac{\partial T_m}{\partial x}\bigg|_{x=x_0} - k_1 \frac{2a\dot{q}''_{loss}}{W} + \frac{k_1 a}{\delta}(k_2 L^{3n-1} p^{2n} + k_3 L p^2)$$

$$\tag{6-50}$$

上式可用于预测有边墙工况下 PS 试样竖直逆流火蔓延速度。可以看到，式(6-49)和式(6-50)表示的火蔓延速度模型耦合了环境压力、材料尺寸和边墙的影响。

6.5.3　模型验证

为验证本书所建模型的可靠性，选择第 6.2～6.3 节实验所得的火蔓延速度变化趋势与模型预测趋势进行对比。

在第 6.2 节和 6.3 节的实验工作中，试样的特征长度为试样宽度，即 $L = W$。对于湍流，式中的 n 为 1/3；对于层流，n 值为 1/4。瑞利数 Ra 反映了湍流强度等级,通过计算得到 $Ra < 10^9$,当 $Ra < 10^9$ 时,由自然对流引起的气体流动为层流,因此 $n = 1/4$。将 L 和 n 的值代入后,式(6-49)和式(6-50)分别转化为式(6-51)和式(6-52):

$$v_f \approx k_1 \lambda_m \frac{\partial T_m}{\partial x}\bigg|_{x=x_{ig}} + k_1 a (2k_2 W^{-5/4} p^{1/2} + W^{-1/4} p^{1/2} k_2/\delta$$
$$+ 2k_3 p^2 + W p^2 k_3/\delta) \tag{6-51}$$

$$v_{f\text{-sidewall}} \approx k_1 \lambda_m \frac{\partial T_m}{\partial x}\bigg|_{x=x_{ig}} - k_1 \frac{2a\dot{q}''_{loss}}{W} + k_1 a (k_2 W^{-1/4} p^{1/2}/\delta + k_3 W p^2/\delta) \tag{6-52}$$

式中,$\lambda_m \frac{\partial T_m}{\partial x}\big|_{x=x_{ig}}$ 代表固相热流强度,式(6-51)中的 $2k_2 W^{-5/4} p^{1/2} + W^{-1/4} p^{1/2} k_2/\delta$ 代表对流热流强度,$2k_3 p^2 + W p^2 k_3/\delta$ 表示辐射热流强度,两者之和为气相热流强度。式(6-52)中的 $k_2 W^{-1/4} p^{1/2}/\delta + k_3 W p^2/\delta$ 也代表气相热流强度。

由 6.2 节的实验分析可知,当边墙不存在时,气相传热为主导传热方式,在这种情况下,火蔓延速度(v_f)由式(6-51)右边第二项决定。对于较窄的试样,主导传热方式为对流传热,即 $2k_2 W^{-5/4} p^{1/2} + W^{-1/4} p^{1/2} k_2/\delta$ 为主导因素,很明显,该式和试样宽度负相关,因此火蔓延速度先随试样宽度增大而减小。对于较宽的试样,辐射传热为主导传热方式,即火蔓延速度由 $2k_3 p^2 + W p^2 k_3/\delta$ 决定,因此 v_f 随试样宽度 W 增大而增大。式(6-51)对宽度求导可得:

$$v_f' \approx k_1 a (-2.5 k_2 W^{-9/4} p^{1/2} - 0.25 W^{-5/4} p^{1/2} k_2/\delta + p^2 k_3/\delta) \tag{6-53}$$

当 $v_f' = 0$ 时,$W = W_0$,因此式(6-53)转化为:

$$2.5 W_0^{-9/4} \delta + 0.25 W_0^{-5/4} \approx p^{3/2} k_3/k_2 \tag{6-54}$$

由式(6-54)可知,W_0 随环境压力的增大而减小,拉萨的大气压力低于合肥,因此拉萨测得的 W_0 值大于合肥。上述关于 v_f 和 W_0 的预测趋势和 6.3 节的实验结果一致。

进一步可通过模型预测有边墙时火蔓延速度随试样宽度的变化规律。由 6.2 节的分析可知,边墙存在时,固相传热主导火蔓延速度,其比气相传热更为重要。另外,由于边墙的隔热性能良好,式(6-52)中的 $\dot{q}''_{loss}$ 可以忽略不计。因此,由式(6-52)可知,v_f 主要由 $\dot{q}''_s$ 决定,$\dot{q}''_s$ 可通过式(6-41)计算得到,其中温度梯度可通过固相热电偶测得温度数据得到,因实验中用到多根固相热电偶,由此可得到多个 $\dot{q}''_s$ 值,求其平均值并列于表 6-9 中。

表6-9 不同工况下的固相热流强度

工况		4 cm	8 cm	12 cm	16 cm
拉萨	无边墙	$90.04\lambda_m$	$100.44\lambda_m$	$98.79\lambda_m$	$108.85\lambda_m$
	有边墙	$77.78\lambda_m$	$89.93\lambda_m$	$92.96\lambda_m$	$106.76\lambda_m$
合肥	无边墙	$143.05\lambda_m$	$158.74\lambda_m$	$144.58\lambda_m$	$138.15\lambda_m$
	有边墙	$94.26\lambda_m$	$112.20\lambda_m$	$127.14\lambda_m$	$132.84\lambda_m$

由表6-9可知,有边墙时$\dot{q}''_s$值随试样宽度增大而增大,根据所建模型可预测火蔓延速度v_f也随宽度增大而增大,该预测趋势和实验结果对比后发现,两者符合较好。

本书所建模型还能够预测对于无边墙和有边墙两种工况,哪种工况下火蔓延速度更大。根据式(6-51)和式(6-52)可得以下方程:

$$v_f - v_{f\text{-sidewall}} = k_1 \Delta \dot{q}''_s + k_1 a (2k_2 W^{-5/4} p^{1/2} + 2k_3 p^2) \tag{6-55}$$

其中,$\Delta\dot{q}''_s$为无边墙和有边墙两种工况的固相热流强度的差值,由表6-9可知,无边墙时的固相热流强度大于有边墙的工况,即$\Delta\dot{q}''_s > 0$,而且式(6-55)中其他参量都为正数,因此可推断出$v_f - v_{f\text{-sidewall}} > 0$,即$v_f > v_{f\text{-sidewall}}$,该结论和图6-17中的实验结果相一致。

如表6-9所列,高原(拉萨)测得的固相热流强度低于平原(合肥)地区的,而且式(6-51)和式(6-52)证明火蔓延速度的大小和固相热流强度、环境压力正相关,因此可以预测出高原地区的竖直逆流火蔓延速度低于平原地区,这和图6-17所示的实验结果也是一致的。

上文证明本节所建模型对火蔓延速度的预测趋势和实验测得趋势相符,这说明模型具有一定的可靠性。XPS火蔓延速度和其火灾危险性正相关,因此该模型也可以用于评价XPS火灾危险性的变化趋势。

6.6 本章小结

本章中,为研究试样宽度、厚度、边墙结构和环境压力对XPS竖直逆流火蔓延的影响,在不同的环境条件下开展了一系列实验,测得火焰形态、质量损失速率、预热区长度、火蔓延速度、熔融XPS质量增长速率等火蔓延特性参数,分析了上述因素对火蔓延特性参数的影响规律,探讨了其中机制,最后建立了考虑上述影响因素的XPS竖直逆流火蔓延模型,本章得到的主要结论如下所述。

(1)宽度、边墙结构和环境压力的影响。

平均火焰高度(H)随试样宽度(W)的增大而增大,无边墙时,该增长为线性增长。常压地区(平原)的 H 值大于低压地区(高原)的。上述变化趋势和火焰震荡强度的变化趋势一致。在常压地区,对于较窄的试样,有边墙时的 H 值大于无边墙的工况,但对于较宽试样,结果正好相反;在低压地区,有边墙时的 H 值大于无边墙的工况,但两种工况下火焰高度的差值随试样宽度增大而减小。有边墙时,低压地区火焰最高温度的平均值(T_{max})随试样宽度增大而升高。有边墙时的 T_{max} 低于无边墙的工况。将燃烧区分为靠近侧边区域和中间区域两部分,有边墙时靠近侧边区域的 T_{max} 较高,而无边墙时中间区域的 T_{max} 较高。XPS 的固相温升过程分为三个阶段:预热阶段、熔融阶段和热解阶段。无边墙时熔融阶段的持续时间长于有边墙的情况,常压地区的持续时间短于低压地区的。至于熔融阶段对应的温度,有边墙时的温度高于无边墙时,常压地区的温度高于低压地区的。关于火蔓延速度(v_f),无边墙时,v_f 随试样宽度增大先减后增,且最小火蔓延速度对应的试样宽度在低压地区更大;有边墙时,v_f 随试样宽度增大而增大。无边墙时的火蔓延速度高于有边墙的工况,常压地区的 v_f 值大于低压地区的。

(2)试样厚度的影响。

随着厚度的增加,单位厚度质量损失速率的平均值($\dot{m}'$)和平均火焰高度(H)在大多数实验工况下呈增大趋势,而平均火蔓延速度和熔融 XPS 质量增长速率在所有实验工况下均呈增长趋势。火蔓延速度与试样厚度符合:$v_f = A[1-\exp(-Cd)]$;无量纲热释放速率与厚度符合:$\dot{Q}^* \propto \exp(-0.3d)$;无量纲火焰高度与无量纲热释放速率及厚度符合:$H^* = a/d + b\rho_\infty c_p T_\infty \sqrt{g}\, d^{3/2} \dot{Q}^* / \Delta h$。

(3)试样厚度、边墙结构和环境压力的耦合影响。

当试样较薄时,无边墙时的平均火焰高度大于有边墙的工况,但当试样较厚时,结果正好相反。无边墙时,常压地区的较薄试样的火蔓延速度基本恒定,但较厚试样出现火蔓延加速现象,而低压地区所有厚度工况下均出现火蔓延加速现象。有边墙时,较薄试样出现火蔓延减速甚至停滞现象,该现象在低压地区更显著,而较厚试样的火蔓延比较稳定。关于平均火蔓延速度,无边墙工况下,常压地区试样较薄时,v_f 随厚度增长显著,但试样变厚后,v_f 随厚度变化不大,出现相对稳定阶段;低压地区所有厚度测试中,v_f 随厚度增长均较显著。

作者建立了一个耦合上述影响因素的 XPS 竖直逆流火蔓延模型,该模型预测得到的火蔓延速度的变化趋势和实验结果一致,证明该模型具有一定的可靠性。

第 7 章　结论与展望

7.1　本书主要结论

本书通过实验研究和理论分析相结合的方法,研究了 PS 保温材料的燃烧和火蔓延特性规律,并深入分析了辐射热流强度、倾斜角度、试样宽度、厚度、环境压力、边墙结构和防火隔离带对燃烧和火蔓延的影响,建立了多参数耦合作用的 PS 保温材料火蔓延模型,并比较了模型预测结果和实验结果。在本书的研究条件下,得到的主要结论如下所述。

7.1.1　PS 保温材料燃烧行为:试样厚度和辐射热流强度对其的影响

随着材料表面至标准测试水平垂直距离的增大,辐射热流强度呈线性衰减。考虑试样厚度(或收缩距离)的影响,建立了 PS 保温材料的辐射点燃模型,该模型可用于修正因材料受热收缩引起的点燃时间的变化,对于大部分工况,修正后的点燃时间随试样厚度的增加而减小。另外,通过理论分析和实验数据拟合得到 PS 保温材料点燃时间平方根的倒数与辐射热流强度的线性公式,进一步计算得到 PS 保温材料的临界点燃热流强度。

当 PS 保温材料厚度较小或者辐射热流强度较小时($35\ \mathrm{kW/m^2}$ 作用下的 2 cm 厚试样和 $25\ \mathrm{kW/m^2}$ 作用下的 3 cm 厚试样),材料热释放速率(HRR)变化曲线中仅有一个增长峰,而对于其他工况,至少存在点燃后和熄灭前两个增长峰,EPS 点燃后的增长峰高于熄灭前的增长峰,而 XPS 却恰好相关。两种材料 HRR 的最大值和平均值均随辐射热流强度的增大而线性增长。

有效燃烧热(EHC)的平均值随辐射热流强度的增大而增大。XPS 的 EHC 平均值随试样厚度增大先增后减,而 EPS 的 EHC 平均值随试样厚度的增大而持续增大。火势增长指数、总释放热的最大值以及烟气生成速率的平均值和最大值均随辐射热流强度或试样厚度的增大而增大。

XPS 试样的点燃时间、临界点燃热流、热穿透厚度和有效燃烧热的平均值均小于 EPS,然而 XPS 的热释放速率平均值、总释放热的最大值、烟气生成速率的平均值及最大值却高于 EPS 的。综上,XPS 火灾危险性高于 EPS。

7.1.2　PS 保温材料顺流火蔓延:试样宽度、倾斜角度和防火隔离带对其的影响

（1）关于宽度和倾斜角度的影响的实验结论。

无量纲表面火焰高度与试样宽度（W）呈幂函数关系,幂值为 $-n$ 且 $0.7 < n < 1$。随倾斜角度增大,表面火焰高度先升后降,而最大宽度和最小宽度对应的表面火焰高度的差值随之减小。

EPS 的火蔓延速度和倾斜角度呈非线性关系:$v_f = C e^{-p \sin^q(\theta/2)}$。XPS 的预热区长度（$\delta_{ph}$）随宽度和倾斜角度的变化规律与火蔓延速度的变化规律相一致,而对于低压环境（高原地区）中的 EPS,发现 v_f/W 和 δ_{ph}/W 符合线性关系。常压环境（平原地区）中测得的表面火焰高度、火蔓延速度和预热区长度均大于低压环境中测得的数值。

（2）关于防火隔离带的实验结论。

火焰向燃烧区的辐射传热强度和对流传热强度的比例随燃烧区特征长度的增大而线性增长。总火焰高度和单位宽度质量损失速率呈幂函数关系,幂值为 n_1（XPS:$n_1 \approx 0.705$, EPS:$n_1 \approx 0.615$）。无量纲隔离带高度和热流强度也呈幂函数关系,幂值为 n_2（XPS:$n_2 \approx -0.608$,EPS:$n_2 = -0.821$）。XPS 的辐射对流比、幂值 n_1 和 n_2 均高于 EPS 的。

（3）实验结果和预测结果比较。

实验结果表明,当倾斜角度较小时,火蔓延速度随试样宽度增大先减后增,但倾斜角度较大时,火蔓延速度随试样宽度增大先增后减。倾斜角度为 15° 和 30° 时,低压地区火蔓延速度随宽度的变化趋势与常压地区正好相反。建立了耦合宽度、倾斜角度和熔融流动的 PS 保温材料顺流火蔓延模型,此模型可以合理解释上述火蔓延速度的变化趋势。

本书还研究了防火隔离带对 PS 保温材料竖直顺流火蔓延的影响,发现热流强度和加热时间是决定火焰能否越过隔离带蔓延上去的关键因素,建立了数学模型,对一定材料特征长度和隔离带高度工况下,火焰能否越过隔离带蔓延至上方进行了预测。对于大部分工况,预测结果和实验结果相符。

7.1.3　XPS 竖直逆流火蔓延:试样宽度、厚度、边墙结构和环境压力对其的影响

（1）宽度、边墙结构和环境压力的影响。

平均火焰高度（H）随试样宽度（W）的增大而增大,无边墙时,该增长为线性增长。常压地区（平原）的 H 值大于低压地区（高原）的。上述变化趋势和火焰震荡强度的变化趋势一致。在常压地区,对于较窄的试样,有边墙时的 H 值大

于无边墙的工况,但对于较宽试样,结果正好相反;在低压地区,有边墙时的 H 值大于无边墙的工况,但两种工况下火焰高度的差值随试样宽度的增大而减小。有边墙时,低压地区火焰最高温度的平均值($T_{\max}$)随试样宽度增大而升高。有边墙时的 $T_{\max}$ 低于无边墙的工况。将燃烧区分为靠近侧边区域和中间区域两部分,有边墙时靠近侧边区域的 $T_{\max}$ 较高,而无边墙时中间区域的 $T_{\max}$ 较高。XPS 的固相温升过程分为三个阶段:预热阶段、熔融阶段和热解阶段。无边墙时熔融阶段的持续时间长于有边墙的情况,常压地区的持续时间短于低压地区的。至于熔融阶段对应的温度,有边墙时的温度高于无边墙时的温度,常压地区的温度高于低压地区的温度。关于火蔓延速度(v_{f}),无边墙时,v_{f} 随试样宽度增大先减后增,且最小火蔓延速度对应的试样宽度在低压地区更大;有边墙时,v_{f} 随试样宽度增大而增大。无边墙时的火蔓延速度高于有边墙的工况,常压地区的 v_{f} 值大于低压地区的。

(2)试样厚度的影响。

随着厚度的增加,单位厚度质量损失速率的平均值($\dot{m}'$)和平均火焰高度(H)在大多数实验工况下呈增大趋势,而平均火蔓延速度和熔融 XPS 质量增长速率在所有实验工况下均呈增长趋势。火蔓延速度与试样厚度(d)的关系式为:$v_{\mathrm{f}} = A[1 - \exp(-Cd)]$;无量纲热释放速率与厚度的关系式为:$\dot{Q}^* \propto \exp(-0.3d)$;无量纲火焰高度与无量纲热释放速率及厚度符合:$H^* = a/d + b\rho_\infty c_p T_\infty \sqrt{g}\, d^{3/2} \dot{Q}^* / \Delta h$。

(3)试样厚度、边墙结构和环境压力的耦合影响。

当试样较薄时,无边墙时的平均火焰高度大于有边墙的工况,但当试样较厚时,结果正好相反。无边墙时,常压地区的较薄试样的火蔓延速度基本恒定,但较厚试样出现火蔓延加速现象,而低压地区所有厚度工况下均出现火蔓延加速现象。有边墙时,较薄试样出现火蔓延减速甚至停滞现象,该现象在低压地区更加显著,而较厚试样的火蔓延比较稳定。关于平均火蔓延速度,无边墙工况下,常压地区试样较薄时,v_{f} 随厚度增长显著,但试样变厚后,v_{f} 随厚度变化不大,出现相对稳定阶段;低压地区所有厚度工况下,v_{f} 随厚度增长均比较显著。

(4)基于实验研究和理论分析,建立了耦合各影响因素(试样尺寸、边墙结构和环境压力)的 XPS 保温材料竖直逆流火蔓延模型,该模型预测得到的火蔓延速度的变化趋势和实验结果基本一致,证明该模型具有一定的可靠性。

本书所得结论可用以预测 PS 外墙保温材料的火灾增长规律,为 PS 保温材料的火灾危险性评价提供了指导,为 PS 外墙保温系统的火灾安全设计奠定了理论基础。

7.2 本书创新点

本书的主要创新点如下：

（1）基于锥形量热仪实验，综合考虑 PS 保温材料的熔融收缩和辐射热流强度，建立了一个适用于 PS 保温材料的点燃模型。通过实验和理论分析，得到了 PS 保温材料点燃时间平方根的倒数与辐射热流强度的线性公式，获得了 PS 保温材料点燃的临界热流强度。

（2）不仅研究了单一因素对 PS 保温材料顺流火蔓延的影响，还研究了多因素的耦合影响，如倾斜角度、试样宽度和熔融流动的耦合影响，揭示了耦合影响机制。

（3）考虑了更多外墙结构因素对 PS 保温材料顺流火蔓延的影响，如防火隔离带，建立了相关数学模型。关于防火隔离带的模型可以预测对于一定 PS 保温材料特征长度和隔离带高度，火焰能否越过隔离带蔓延至上方。

（4）本书全面研究了试样宽度、厚度、环境压力和边墙结构对 XPS 竖直逆流火蔓延的影响，揭示了影响机制，建立了考虑上述影响因素的火蔓延模型，该模型预测得到 XPS 竖直逆流火蔓延速度的变化趋势，且预测趋势和实验结果符合较好。

7.3 工作展望

本书通过锥形量热仪实验、火蔓延实验及理论分析和建模，研究了倾斜角度、试样宽度、厚度、环境压力、辐射热流强度、边墙结构和防火隔离带对 PS 保温材料燃烧及火蔓延行为的影响，揭示了多因素耦合作用机理。由于本书在实验技术手段和理论分析方面仍然有很多的不足，部分工作还需深入和完善，因此下一步工作将集中在以下几点：

（1）本书所有的锥形量热仪实验中，都使用了电火花，而并没有研究自燃起火的情况，下一步将在该方面做些工作，有利于更全面地评价材料的火灾危险性，提供更多的基础数据。

（2）本书建立的防火隔离带影响下的火蔓延模型，预测结果和实验结果存在一定偏差，因此需进一步优化模型。

（3）研究环境压力对火蔓延的影响时，本书只在拉萨和合肥两地开展实验，即只考虑了两种压力工况，因此需进一步研究更多的压力工况，如在可控压力舱室里开展实验，验证本书有关压力的模型是否可靠。本书建立的多因素耦合影响的 XPS 竖直逆流火蔓延模型，只是预测得到火蔓延速度的变化趋势，并没有得到火蔓延速度值，原因是材料的某些热物性、有关燃烧和流动的部分基础特性参数值还未明确，下一步工作可在此处做进一步完善。

（4）本书开展的实验研究均为小尺寸研究，下一步应开展中大尺寸实验研究，验证所得结论和所建模型是否适用于中、大尺寸实验。

参 考 文 献

[1] 陈应周.典型外墙保温材料火灾特性的微燃烧量热仪实验研究[J].武警学院学报,2013,29(8):8-10.

[2] 龚俊辉.典型非碳化聚合物材料热解及逆流火蔓延实验和理论研究[D].合肥:中国科学技术大学,2014.

[3] 韩丽丽,韩新,丛北华.防火隔离带对外墙保温系统火灾蔓延影响的试验研究[J].中国安全科学学报,2013(12):48-53.

[4] 黄新杰.不同外界环境下典型外墙保温材料PS火蔓延特性规律研究[D].合肥:中国科学技术大学,2011.

[5] 黄颖,罗静,李晶.EPS保温板垂直壁面蔓延特性实验研究[J].消防科学与技术,2013,32(9):1016-1020.

[6] 季广其,朱春玲,宋长友,等.外墙外保温系统防火试验研究——模型火BS8414-1试验一[J].建筑科学,2008,24(2):70-74.

[7] 季广其,朱春玲,宋长友,等.外墙外保温系统防火试验研究——模型火UL1040试验一[J].建筑科学,2008,24(2):49-56.

[8] 季广其,朱春玲,宋长友,等.外墙外保温系统竖炉防火试验研究[J].建筑科学,2008,24(2):43-48.

[9] 李建涛,闫维纲,朱红亚,等.高层建筑外立面U型结构火蔓延的实验研究[J].火灾科学,2012,21(4):167-173.

[10] 孙震宁,曾绪斌.防火隔离带对外墙保温系统火灾蔓延的影响[J].消防科学与技术,2014(3):270-272.

[11] 王艳,邱榕,安江涛,等.干挂石材幕墙火蔓延数值模拟研究[J].中国安全生产科学技术,2011(4):29-33.

[12] 徐亮,张和平,万玉田,等.热塑性装饰材料大尺度火灾实验研究[J].中国科学技术大学学报,2008,38(5):563-568.

[13] 张威,朱国庆,张磊.三种常用外墙可燃保温材料竖向燃烧特性数值模拟研究[J].中国安全生产科学技术,2012(1):11-17.

[14] 张英.典型可炭化固体材料表面火蔓延特性研究[D].合肥:中国科学技术

大学,2012.

[15] 章涛林,周晓冬,雷杲,等.高层建筑典型外墙保温材料火蔓延特性数值模拟研究[J].防灾减灾工程学报,2012(2):230-234.

[16] 赵永峰,段海娟,赵金城,等.在建高层建筑外保温材料立体燃烧的火灾蔓延规律[J].消防科学与技术,2013(12):1319-1323.

[17] 朱春玲.有机保温材料的燃烧性能试验研究[J].建筑科学,2011(6):39-44.

[18] AHMAD T,FAETH G M.Turbulent wall fires[J].Symposium (international) on combustion,1979,17:1149-1160.

[19] AN W,JIANG L,SUN J,et al.Correlation analysis of sample thickness, heat flux,and cone calorimetry test data of polystyrene foam [J].Journal of thermal analysis and calorimetry,2015,119(1):229-238.

[20] AN W,WANG Z,XIAO H,et al.Thermal and fire risk analysis of typical insulation material in a high elevation area:influence of sidewalls,dimension and pressure[J]. Energy conversion and management, 2014, 88: 516-524.

[21] ANNAMALAI K.Flame spread over combustible surfaces for laminar flow systems Part I:excess fuel and heat flux[J].Combustion science and technology,1979,19(5/6):167-183.

[22] AUDISIO G,BERTINI F.Molecular weight and pyrolysis products distribution of polymers:I. Polystyrene[J].Journal of analytical and applied pyrolysis,1992,24(1):61-74.

[23] BABRAUSKAS V.Ignition handbook:principles and applications to fire safety engineering,fire investigation,risk management and forensic science[M]. Issaquah:Fire Science Publishers,2003.

[24] BAKHTIYARI S,TAGHI-AKBARI L,BARIKANI M.The effective parameters for reaction-to-fire properties of expanded polystyrene foams in bench scale[J].Iranian polymer journal,2010,19(1):1256-1264.

[25] BEAULIEU P A,DEMBSEY N A.Effect of oxygen on flame heat flux in horizontal and vertical orientations[J].Fire safety journal,2008,43(6): 410-428.

[26] BHATTACHARJEE S,ALTENKIRCH R A,SACKSTEDER K. The effect of ambient pressure on flame spread over thin cellulosic fuel in a quiescent,microgravity environment[J].Journal of heat transfer,1996, 118(1):181-190.

[27] BOUSTER C,VERMANDE P,VERON J.Study of the pyrolysis of poly-styrenes: Ⅰ.kinetics of thermal decomposition[J].Journal of analytical and applied pyrolysis,1980,1(4):297-313.

[28] BREHOB E G,KULKARNI A K.Time-dependent mass loss rate behavior of wall materials under external radiation[J].Fire and materials,1993,17(5):249-254.

[29] CHEN P,SUN J H.Experimental study on characteristics of flame spread over inclined wood Sheets[J].Journal of safety and environment,2006,3:9.

[30] CHEN P,SUN J,HE X.Behavior of flame spread downward over thick wood sheets and heat transfer analysis[J].Journal of fire sciences,2007,25(1):5-21.

[31] COLLIER P,BAKER G.The influence of construction detailing on the fire performance of polystyrene insulated panels[J].Fire technology,2013,49(2):195-211.

[32] COMAS B,PUJOL T.Experimental study of the effects of side-edge burning in the downward flame spread of thin solid fuels[J].Combustion science and technology,2012,184(4):489-504.

[33] COQUARD R,BAILLIS D.Modeling of heat transfer in low-density EPS foams[J].Journal of heat transfer,2006,128(6):538-549.

[34] CORLETT R C,LUKETA-HANLIN A.Pressure scaling of fire dynamics [M].Berlin:Springer netherlands,2008:85-97.

[35] COSTA L,CAMINO G,GUYOT A,et al.The effect of the chemical structure of chain ends on the thermal degradation of polystyrene[J].Polymer degradation and stability,1986,14(1):85-93.

[36] DE RIS J L,WU P K,HESKESTAD G.Radiation fire modeling[J].Proceedings of the combustion institute,2000,28(2):2751-2759.

[37] DELICHATSIOS M A.Air entrainment into buoyant jet flames and pool fires[J].Combustion and flame,1987,70(1):33-46.

[38] DELICHATSIOS M.Critical mass pyrolysis rates for extinction in fires over solid materials[J].Fire safety science,1997,5:153-164.

[39] DI BLASI C.Processes of flames spreading over the surface of charring fuels:effects of the solid thickness[J].Combustion and flame,1994,97(2):225-239.

[40] DRYSDALE D. An introduction to fire dynamics[M]. New York: John Wiley and Sons, Incorporated, 2011.

[41] FANG J, TU R, GUAN J F, et al. Influence of low air pressure on combustion characteristics and flame pulsation frequency of pool fires[J]. Fuel, 2011, 90(8): 2760-2766.

[42] FARAVELLI T, PINCIROLI M, PISANO F, et al. Thermal degradation of polystyrene[J]. Journal of analytical and applied pyrolysis, 2001, 60(1): 103-121.

[43] FERNANDEZ-PELLO A C. Flame spread in a forward forced flow[J]. Combustion and flame, 1979, 36: 63-78.

[44] FERNANDEZ-PELLO A, WILLIAMS F A. A theory of laminar flame spread over flat surfaces of solid combustibles[J]. Combustion and flame, 1977, 28: 251-277.

[45] FERNANDEZ-PELLO A, WILLIAMS F A. Laminar flame spread over PMMA surfaces[J]. Symposium on combustion, 1975, 15(1): 217-231.

[46] FERNANDEZ-PELLO A, WILLIAMS F A. Experimental techniques in the study of laminar flame spread over solid combustibles[J]. Combustion science and technology, 1976, 14(4-6): 155-167.

[47] GAYDON A G, WOLFHARD H G. Flames, their structure, radiation, and temperature[M]. New York: John Wiley and Sons, Incorporated, 1979.

[48] GLICKSMAN L R, TORPEY M. Factors governing heat transfer through closed cell foam insulation[J]. Journal of building physics, 1989, 12(4): 257-269.

[49] GOLLNER M, WILLIAMS F A, RANGWALA A S. Upward flame spread over corrugated cardboard[J]. Combustion and flame, 2011, 158(7): 1404-1412.

[50] GONG J, ZHOU X, DENG Z, et al. Influences of low atmospheric pressure on downward flame spread over thick PMMA slabs at different altitudes[J]. International journal of heat and mass transfer, 2013, 61(6): 191-200.

[51] GRIFFIN G J, BICKNELL A D, BRADBURY G P, et al. Effect of construction method on the fire behavior of sandwich panels with expanded polystyrene cores in room fire tests[J]. Journal of fire sciences, 2006, 24(4): 275-294.

[52] HAO C T, WHITE R H. Burning rate of solid wood measured in a heat

release rate calorimeter[J].Fire and materials,1992,16(4):197-206.

[53] HARADA T.Time to ignition,heat release rate and fire endurance time of wood in cone calorimeter test[J].Fire and materials,2001,25(4):161-167.

[54] HASEMI Y.Experimental wall flame heat transfer correlations for the analysis of upward wall flame spread[J].Fire science and technology,1984,4(2):75-90.

[55] HESKESTAD G.SFPE Handbook of fire protection engineering[M].Quincy:National Fire Protection Association,2002.

[56] HESKESTAD G.A reduced-scale mass fire experiment[J].Combustion and flame,1991,83(3):293-301.

[57] HOPKIN D J,LENNON T,EL-RIMAWI J,et al.Full-scale natural fire tests on gypsum lined structural insulated panel (SIP) and engineered floor joist assemblies[J].Fire safety journal,2011,46(8):528-542.

[58] HU L H,LU K H,TANG F,et al.A global non-dimensional factor characterizing side wall constraint effect on facade flame entrainment and flame height from opening of compartment fires[J].International journal of heat and mass transfer,2014,75:122-129.

[59] HUANG X J,SUN J H,JI J,et al.Flame spread over the surface of thermal insulation materials in different environments[J].Chinese science bulletin,2011,56(15):1617-1622.

[60] HUANG X J,WANG Q S,ZHANG Y,et al.Thickness effect on flame spread characteristics of expanded polystyrene in different environments [J].Journal of thermoplastic composite materials,2012,25(4):427-438.

[61] INCROPERA F P.Fundamentals of heat and mass transfer[M].Hoboken:John Wiley and Sons,2011.

[62] ITO A,KUDO Y,OYAMA H.Propagation and extinction mechanisms of opposed-flow flame spread over PMMA for different sample orientations [J].Combustion and flame,2005,142(4):428-437.

[63] KASHIWAGI T,OMORI A,BROWN J.Effects of material characteristics on flame spreading[J].Fire safety science,1989,2(7):107-117.

[64] KIM J S,DE RIS J,WILLIAM KROESSER F.Laminar free-convective burning of fuel surfaces[J].Symposium (international) on combustion,1971,13(1):949-961.

[65] KLEINHENZ J,FEIER I I,HSU S-Y,et al.Pressure modeling of upward

flame spread and burning rates over solids in partial gravity[J].Combustion and flame,2008,154(4):637-643.

[66] KUMAR C,KUMAR A.A computational study on opposed flow flame spread over thin solid fuels with side-edge burning[J].Combustion science and technology,2010,182(9):1321-1340.

[67] LEFEBVRE J,BASTIN B,BRAS M L,et al.Flame spread of flexible polyurethane foam:comprehensive study[J].Polymer testing,2004,23(3):281-290.

[68] LI J,JI J,ZHANG Y,et al.Characteristics of flame spread over the surface of charring solid combustibles at high altitude[J].Chinese science bulletin,2009,54(11):1957-1962.

[69] LI Z H,HE Y P,ZHANG H,et al.Combustion characteristics of n-heptane and wood crib fires at different altitudes[J].Proceedings of the combustion institute,2009,32(2):2481-2488.

[70] LIE T T.Contribution of insulation in cavity walls to propagation of fire[J].Fire study,1972,29:15.

[71] LUCHE J,ROGAUME T,RICHARD F,et al.Characterization of thermal properties and analysis of combustion behavior of PMMA in a cone calorimeter[J].Fire safety journal,2011,46(7):451-461.

[72] MELL W E,KASHIWAGI T.Effects of finite sample width on transition and flame spread in microgravity[J].Proceedings of the combustion institute,2000,28(2):2785-2792.

[73] MELL W E,OLSON S L,KASHIWAGI T.Flame spread along free edges of thermally thin samples in microgravity[J].Proceedings of the combustion institute,2000,28(2):2843-2849.

[74] MELL W E,KASHIWAGI T.Dimensional effects on the transition from ignition to flame spread in microgravity[J].Symposium (international) on combustion,1998,27(2):2635-2641.

[75] MODAK A T,CROCE P A.Plastic pool fires[J].Combustion and flame,1977,30:251-265.

[76] MORANDINI F,SANTONI P A,BALBI J H.The contribution of radiant heat transfer to laboratory-scale fire spread under the influences of wind and slope[J].Fire safety journal,2001,36(6):519-543.

[77] OHLEMILLER T J,SHIELDS S,BUTLER K,et al.Exploring the role of

polymer melt viscosity in melt flow and flammability behavior[C]// Proceedings of the Fire Retardant Chemicals Association Annual Meeting, Lancaster,2000.

[78] OLESZKIEWICZ I.Fire exposure to exterior walls and flame spread on combustible cladding[J].Fire technology,1990,26(4):357-375.

[79] PAGNI P J.Diffusion flame analyses[J].Fire safety journal,1981,3(4): 273-285.

[80] PIZZO Y,CONSALVI J L,QUERRE P,et al.Width effects on the early stage of upward flame spread over PMMA slabs: experimental observations[J].Fire safety journal,2009,44(3):407-414.

[81] QUINTIERE J G.A theoretical basis for flammability properties[J].Fire and materials,2006,30(3):175-214.

[82] QUINTIERE J G.Fundamentals of fire phenomena[M].Hoboken:John Wiley and Sons,2006.

[83] QUINTIERE J G.The effects of angular orientation on flame spread over thin materials[J].Fire safety journal,2001,36(3):291-312.

[84] QUINTIERE J Q,LEE C H.Ignitor and thickness effects on upward flame spread[J].Fire technology,1998,34(1):18-38.

[85] QUINTIERE J,HARKLEROAD M,HASEMI Y.Wall flames and implications for upward flame spread[J].Combustion science and technology, 1986,48(3/4):191-222.

[86] RANGWALA A S,BUCKLEY S G,TORERO J L.Analysis of the constant B-number assumption while modeling flame spread[J].Combustion and flame,2008,152(3):401-414.

[87] RANGWALA A S,BUCKLEY S G,TORERO J L.Upward flame spread on a vertically oriented fuel surface:the effect of finite width[J].Proceedings of the combustion institute,2007,31(2):2607-2615.

[88] RÉMI C,DOMINIQUE B,DANIEL Q.Radiative properties of expanded polystyrene foams[J].Journal of heat transfer,2009,131(1):127-129.

[89] ROSSI M,CAMINO G,LUDA M P.Characterisation of smoke in expanded polystyrene combustion[J].Polymer degradation and stability, 2001,74(3):507-512.

[90] SANCHEZ-OLIVARES G.Study on the combustion behavior of high impact polystyrene nanocomposites produced by different extrusion

processes[J].Express polymer letters,2008,2(8):569-578.

[91] SHALBAFAN A,DIETENBERGER M A,WELLING J.Fire performances of foam core particleboards continuously produced in a one-step process[J].European journal of wood and wood products,2013,71(1):49-59.

[92] SHI L,CHEW M Y L.Fire behaviors of polymers under autoignition conditions in a cone calorimeter[J].Fire safety journal,2013,61:243-253.

[93] SIBULKIN M, KETELHUT W, FELDMAN S. Effect of orientation and external flow velocity on flame spreading over thermally thin paper strips[J]. Combustion science and technology,1974,9(1-2):75-77.

[94] SIBULKIN M,KIM J,JOSEPH J R.The dependence of flame propagation on surface heat transfer Ⅰ. downward burning[J].Combustion science and technology,1976,14(1-3):43-56.

[95] SPALDING D B.The combustion of liquid fuels[J].Symposium on combustion,1953,4(1):847-864.

[96] TEWARSON A,LEE J L,PION R F.The influence of oxygen concentration on fuel parameters for fire modeling[J].Symposium(international) on combustion,1981,18(1):563-570.

[97] TEWARSON A.SFPE handbook of fire protection engineering[M].Quincy:National Fire Protection Association,2002.

[98] THOMAS P H,WEBSTER C T.Some experiments on the burning of fabrics and the height of buoyant diffusion flames[J].Fire safety science, 1960,420.

[99] TSAI K C.Orientation effect on cone calorimeter test results to assess fire hazard of materials[J].Journal of hazardous materials,2009,172(2): 763-772.

[100] TSAI K C.Width effect on upward flame spread[J].Fire safety journal, 2009,44(7):962-967.

[101] TSAI K C.Influence of sidewalls on width effects of upward flame spread[J].Fire safety journal,2011,46(5):294-304.

[102] TSAI K C.Upward flame spread on a flat surface,in a corner and between two parallel surfaces[J].Journal of the Chinese society of mechanical engineers,2007,28(3):341-348.

[103] WANG H.Experimental study on flame spread over wood[J].Journal of China University of Science and Technology,1991,21(2):254-259.

［104］ WILLIAMS G.Combustion theory［M］.California：Benjamin Cummings,1985.

［105］ XIE Q Y,ZHANG H P,XU L.Large-scale experimental study on the effects of flooring materials on combustion behavior of thermoplastics ［J］.Journal of macromolecular science,2008,45(7):529-533.

［106］ XIE Q Y,ZHANG H P,XU L.Large-scale experimental study on combustion behavior of thermoplastics with different thicknesses［J］.Journal of thermoplastic composite materials,2009,22(5):443-451.

［107］ XU Q,MAJLINGOVA A,ZACHAR M,et al.Correlation analysis of cone calorimetry test data assessment of the procedure with tests of different polymers［J］.Journal of thermal analysis and calorimetry,2012, 110(1):65-70.

［108］ ZHANG Y,HUANG X J,WANG Q S,et al.Experimental study on the characteristics of horizontal flame spread over XPS surface on plateau ［J］.Journal of hazardous materials,2011,189(1/2):34-39.

［109］ ZHANG Y,JI J,HUANG X J,et al.Effects of sample width on flame spread over horizontal charring solid surfaces on a plateau［J］.Chinese science bulletin,2011,56(9):919-924.

［110］ ZHANG Y,SUN J H,HUANG X J,et al.Heat transfer mechanisms in horizontal flame spread over wood and extruded polystyrene surfaces［J］. International journal of heat and mass transfer,2013,61:28-34.